OpenCV 4

專案實務 第二版

用OpenCV與C++打造電腦視覺與
影像處理應用程式

Learn OpenCV 4 by Building Projects - By David Millan Escriva, Vinicius Godoy, Prateek Joshi

ISBN: 978-1-78934-122-5

First published in the English language under the title 'Learn OpenCV 4 By Building Projects - Second Edition

貢獻者

關於作者

David Millán Escrivá 在八歲的時候，在 8086 PC 上用 BASIC 語言寫出個人的第一個程式，他在 Universitat Politécnica de Valencia 完成了 IT 領域的學業，並以 OpenCV（v0.96）的電腦視覺技術為基礎建立的人機互動獲獎，他擁有碩士學位，研究領域是人工智慧、電腦影像以及模式辨識，特別著重於模式辨識與電腦視覺。他同時具有九年以上的電腦視覺、電腦圖學與模視辨識經驗，他是 Damiles Blog 的作者，針對 OpenCV、一般電腦視覺以及光學角色辨識演算法等領域發表研究與教學文章。

我要感謝內人 Izaskun，小女 Eider 以及犬子 Pau，他們無止盡的耐心與支持改變了我的生命，讓它更加美好，感謝你們。

我也要感謝 OpenCV 團隊與社群，你們提供了這麼了不起的函式庫，我也要感謝共同作者以及 Packt 出版社對我的支持，幫助我完成本書。

Vinícius G. Mendonça 是 Pontifical Catholic University of Paraná(PUCPR) 的電腦影像教授，他在 1998 年開始用 C++ 寫程式，在 2006 年踏入電腦遊戲與電腦影像領域，目前是巴西的 Apple Developer Academy 的教練，使用與教授行動裝置上的 metal、機器學習以及電腦視覺。他曾為 Packt 擔任多本著作的審稿人，包含《*OpenNI Cookbook*》與《*Mastering OpenCV and Computer Vision with OpenCV 3 and Qt5*》，他研究使用 Kinect、OpenNI 與 OpenCV 識別巴西的手語手勢，目前研究的領域包含行動裝置、OpenGL、影像處理、電腦視覺以及專案管理。

我要感謝內人 Thais A. L. Mendonça 在撰寫本書過程中對我的支持，同時也將這項成果送給我的四個女兒 Laura、Helena、Alice 與 Mariana 以及我的繼子 Bruno。

這個傑出的家庭為我的人生與工作帶來意義，同時也要感謝 Fabio Binder，他是帶領我進入電腦影像與遊戲領域的老師與教授，對我的職涯有很大的幫助。

Prateek Joshi 是人工智慧研究人員，有八本著作，同時也是 TEDx 的講者，擔任 Forbes 30 Under 30、CNBC、TechCrunch、Silicon Valley Business Journal 等諸多刊物的特約作者。他是 Pluto AI 的創辦人，這是間創投資助的矽谷新創公司，專注於水域設施的智慧平台。他畢業於南加州大學（University of Southern California），擁有人工智慧領域的碩士學歷，先前任職於 NVIDIA 與 Microsoft 研究中心。

關於審校

Marc Amberg 是資深機器學習與電腦視覺工程師，在 IT 與服務產業有傑出的成果，熟悉 Python、C ／ C++、OpenGL、3D 建構與 Java，他是傑出的工程專業人員，在 Universié des Sciences et Technologies de Lille（Lille I）取得計算機科學碩士學位（影像、視覺與互動領域）。

Vincent Kok 目前在 Intel 運輸產業部門擔任軟體平台應用程式工程師，畢業於 University Sains Malaysia（USM），擁有電機碩士學位。Vincent 在開發人員社群十分活躍，經常參與世界各地舉辦的 Maker Faire，他喜歡設計電子硬體套件，在空閒時為初學者提供 soldering ／ arduino 課程。

目錄

Chapter 2　OpenCV 基礎介紹　　25

Chapter 3　圖形使用者介面與基本濾鏡　　51

前言

OpenCV 是開發電腦視覺（Computer Vision）應用程式時最受歡迎的函式庫，能夠即時執行許多不同的電腦影像演算法，問世多年之後成為電腦視覺領域的標準函式庫，其最大的優點在於高度最佳化，幾乎能夠支援所有的平台。

本書先簡單介紹電腦視覺的各個領域，透過 C++ 語言示範相關的 OpenCV 功能，每章提供真實世界的範例以及相關使用案例的程式碼，讓讀者能夠快速進入相關主題，了解在真實世界中的使用方式。總的來說，這是本針對在 C++ 使用 OpenCV 建立各種應用的實務手冊。

目標讀者

本書針對剛接觸 OpenCV，想要在 C++ 使用 OpenCV 開發電腦視覺（Computer Vision）應用程式的開發人員，基本的 C++ 知識有助於理解本書內容；本書也有助於想要進入電腦視覺領域了解其中概念的讀者。為了從本書獲得最大的收穫，讀者應該要知道基本的數學概念，包含向量、矩陣以及矩陣乘法，讀完本書，讀者就能夠使用 OpenCV 從無到有建構出各種電腦視覺應用程式。

本書主題

第 1 章，*OpenCV 入門*，涵蓋在各種作業系統上安裝 OpenCV 的步驟，介紹人類的視覺系統以及電腦視覺領域的各個主題。

第 2 章，*OpenCV 基礎介紹*，討論如何使用 OpenCV 讀寫圖像與影片，同時說明用 CMake 建置專案的方式。

第 3 章，*圖形使用者介面與基本濾鏡*，內容包含利用圖形使用者介面與偵測滑鼠事件，建立互動式應用程式的方法。

第 4 章，*深入色階直方圖與濾鏡*，探討色階直方圖（histograms）與濾鏡，同時示範卡通化圖片的方法。

第 5 章，自動光學檢查、物體分割與偵測，介紹多種影像處理的前置技巧，包括雜訊去除（noise removal）、定限（thresholding）以及輪廓分析（contour analysis）。

第 6 章，學習物體分類，處理物體辨認與機器學習，以及使用支援向量機（Support Vector Machines）建立物體分類系統的方法。

第 7 章，偵測人臉部份與覆蓋遮罩，討論人臉偵測與 Haar 串接（Haar Cascades），接著說明利用這些方法偵測人臉各個部份的作法。

第 8 章，影像監控、背景塑模與形態學運算，探討影像去背（也稱為背景相減法，background subtraction）、影像監控以及形態學影像處理，並說明這些技術之間的關係。

第 9 章，學習物體追蹤，內容涵蓋各種在即時影像追蹤物體的技術，包含以色彩為基礎（color-based）以及以特徵為基礎（feature-based）的追蹤技巧。

第 10 章，為文字辨識開發分割演算法，內容包含光學字元識別（optical character recognition，OCR）、正文切割（text segmentation）以及 Tesseract OCR 引擎的簡介。

第 11 章，用 *Tesseract* 辨識文字，深入 Tesseract OCR 引擎，解釋使用 Tesseract OCR 引擎用於正文偵測、萃取與辨識的方法。

第 12 章，深度學習與 *OpenCV*，探討如何在 OpenCV 使用最常見的兩種深度學習架構：使用 YOLO v3 做物體偵測，以及用 Single Shot Detector 作人臉偵測。

閱讀指南

基本的 C++ 知識有助於理解本書，書中範例使用了下列技術：OpenCV 4.0；CMake 3.3.x 以上的版本；Tesseract；Leptonica（Tesseract 需要使用）；Qt（選用）；以及 OpenGL（選用）。

詳細安裝說明請參考相關章節。

下載範例程式

各位能夠透過自己的帳號，從 www.packt.com 下載所購買書籍的範例程式碼。要是各位在其他地方購買本書，可以先到 http://www.packt.com/support 頁面，註冊之後，就會將相關檔案透過電子郵件寄送給各位。

下載檔案步驟如下：

1. 登入或註冊 www.packt.com
2. 點選 **SUPPORT** 頁籤
3. 點選 **Code Downloads & Errata**
4. 在 **Search** 輸入框輸入書籍名稱，再照著畫面指示操作即可

下載檔案之後，可以使用以下工具解壓縮檔案：

- Windows 上的 WinRAR ／ 7-Zip
- Mac 上的 Zipeg/iZip/UnRarX
- Linux 上的 7-Zip/PeaZip

本書範例也存在於 **GitHub** 的 https://github.com/PacktPublishing/Learn-OpenCV-4-By-Building-Projects-Second-Edition。只要程式有任何更新，都會上傳到現有的 **GitHub** 儲存庫。

https://github.com/PacktPublishing/ 上還有本出版社其他書籍的程式範例與影片，歡迎讀者使用！

下載本書的彩色圖像

我們也透過 PDF 檔案，提供本書使用的畫面截圖／圖表的彩色影像，各位可以在 https://www.packtpub.com/sites/default/files/downloads/9781789341225_ColorImages.pdf 下載這個檔案。

程式執行示範

透過以下網址可看到本書程式實際執行的示範：http://bit.ly/2Sfrxgu

本書慣例

本書採用了以下的排版慣例。

CodeInText：表示內文中的程式碼，包含資料庫表格名稱、檔案夾名稱、檔案名稱、延伸檔案、路徑名稱、虛擬 URL、使用者輸入以及 Twitter 等，例如「另外可以安裝選用套件，即使不安裝 opencv_contrib，OpenCV 仍然可以正常運作」。

程式碼區段的呈現方式如下：

```
// 載入影像供後續處理
  Mat img= imread(img_file, 0);
  if(img.data==NULL){
      cout << "Error loading image " << img_file << endl;
    return 0;
  }
```

如果是要強調程式碼的特定部份，會以粗體標示出要強調部份的程式碼：

```
for(auto i=1; i<num_objects; i++){
    cout << "Object "<< i << " with pos: " << centroids.at<Point2d>(i) <<
"with area " << stats.at<int>(i, CC_STAT_AREA) << endl;
```

命令列的輸入或輸出呈現方式如下：

```
C:\>setx -m OPENCV_DIR D:\OpenCV\Build\x64\vc14
```

粗體：表示新詞、重要詞彙以及讀者會在畫面上看到的文字，選單或對話框中看到的文字會呈現為：「從 **Administration** 面板選擇 **System info**」。

警告或重要附註會用像這樣的方式呈現。

技巧則會呈現為這種形式。

保持聯繫

我們歡迎讀者提供任何的回饋。

一般意見回饋：如果對本書有任何問題，請在信件標題提到本書名稱，將電子郵件寄送到 customercare@packtpub.com。

勘誤：儘管我們盡可能確保內容的正確性，仍然會發生錯誤，要是各位能回報發現的錯誤，我們會十分感謝各位請透過 http://www.packt.com/submit-errata，選擇回報的書籍名稱，再按下 Errata Submission Form 連結，接著輸入相關錯誤內容。

盜版：如果各位在網路上發現本書任何形式的非法版本，且願意提供相關位置或網址，我們會十分感謝各位，請將盜版相關資訊寄送到 copyright@packt.com。

如果想要成為作者：如果讀者是特定領域的專家，希望能夠出書或是對相關著作提供協助，請參看 authors.packtpub.com。

評論

歡迎提供評論，一旦讀完本書，使用過本書的內容，何不在購買的網站留下本書的評論呢？潛在讀者就能夠看到您的評論，透過這些正確的意見決定是否購買；Packt 出版社也能夠理解您對我們產品的想法，而作者也能夠知道讀者對他們的著作的看法。感謝各位！

想要知道 Packt 出版社的任何資訊，請參看 packt.com。

1

OpenCV 入門

電腦視覺應用程式有趣又實用,但底層是需要耗費大量計算資源的演算法。隨著雲端運算的到來,提供了更多的計算能量。

OpenCV 函式庫能讓人們即時、有效率地執行電腦視覺演算法,這個函式庫已發表多年,目前是電腦視覺領域的標準函式庫。它主要的優點是高度最佳化,幾乎支援所有的平台。

本書會介紹許多實務使用到的演算法,選擇這些演算法的原因,以及如何透過OpenCV 實作這些演算法。

本章要介紹在幾個常見作業系統安裝 OpenCV 的方式,說明 OpenCV 提供的功能,以及透過內建函式能夠做到的事情。

透過本章,讀者能夠回答以下的問題:

- 人類是如何處理視覺資料,又是如何了解視覺內容?
- 我們能夠透過 OpenCV 做到哪些事,為了達成這些目的,OpenCv 提供了哪些模組?
- 如何在 Windows、Linux 以及 Mac OS X 上安裝 OpenCV ?

認識人類視覺系統

在進入 OpenCV 的功能之前,必須要先了解一開始為什麼要建置這些功能。為了要發展正確的演算法,就得先認識人類視覺系統的運作方式。

電腦視覺演算法（computer vision algorithm）的目的就是了解影像（image）與影片（video）的內容，人類似乎很輕易就能夠做到這些事！所以該怎麼讓機器達到同樣的正確性呢？

先看看以下的圖片：

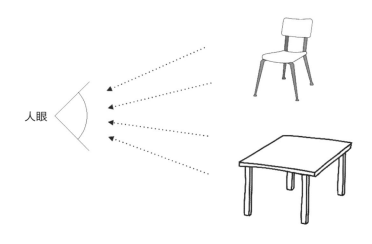

人眼會捕捉包含顏色、形狀、亮度等所有一切的資訊，上圖中，人類的眼睛會捕捉到兩個主要物體的所有資訊，並以特定的方式儲存下來。一旦我們能夠了解自身系統的運作方式，就能夠利用這些知識達成我們想要的目標。

例如，以下是必須要知道的幾件事：

- 人類的視覺系統對於低頻內容（low-frequency content）比高頻內容（high-frequency content）更為敏感，低頻內容是指像素值（pixel value）沒有急劇變化的平面區域，高頻內容則是指有角或邊，像素值會劇烈變化的區域。我們可以很容易就能夠發現平面上的班點，但卻很難在有複雜紋路的表面上看出類似的東西。

- 人類的眼睛對於亮度的變化比色彩的變化更加敏銳。

- 人類的視覺系統對運動十分敏感，即使沒有直視物體，也能夠輕易的辨識出視野（field of vision）中是否有物體在移動。

- 人類會記住視野裡的顯點（salient point），例如看到一張有四支黑色桌腳的白色桌子，其中一個角落有個紅色原點。一看到這張桌子，就會立刻在心裡記住桌面與桌腳的顏色相反，且在其中一個角落有個紅點。人類的大腦在這方面真的非常聰明！能夠自動做到這些事情，因此下次再看到同樣的桌子時，馬上就能夠認得出來。

為了要了解視野，讓我們從俯視的角度看看人類看到不同東西時的視角：

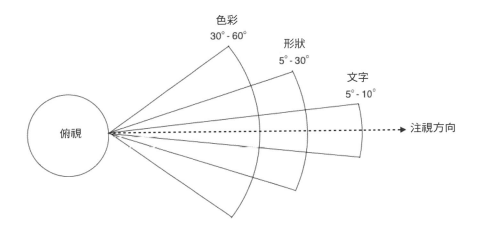

人類的視覺系統還能夠做到許多其他的事，但這些資訊對目前來說已經夠了。讀者可以在網際網路上搜尋**人類視覺系統模型**（**Human Visual System Model**），就能夠得到更多的資訊。

人類如何了解影像內容？

人們環顧四周時會看到許多的物體，每天也都會遇到許多不同的物體，且不花任何力氣就幾乎能夠辨識出所有的物體。當看到椅子的時候，不需要花上數分鐘才能夠了解看到的物體是張椅子，而是立即知道它就是椅子。

另一方面，電腦很難完成類似的工作，研究人員花了多年時間探討，為什麼電腦在這些事情上的表現沒辦法像人類一樣的傑出。

要回答這個問題就必須要了解人類的運作方式。視覺資料的處理是發生在腹側流（ventral visual stream），腹側流指的是人類視覺系統中與物體識別相關的路徑，基本上是大腦中的區域所形成的階層結構，能幫助人們識別物體。

人類能夠輕易的辨識物體，並能夠將類似的物體分類，都是因為人類對相同類別的物體發展出某種型式的不變量（invariance）。看到物體時大腦會萃取出物體的顯點，不受其方向、大小、距離與高度等因素影響。

放大兩倍再旋轉 45 度的椅子仍然是張椅子，人類處理影像內容的方式能夠輕易的識別出椅子，電腦就沒辦法輕易的做到這件事。人類傾向於透過形狀與重要的特質記住物體，無論這個物體的擺放方式為何，仍然能夠辨識出物體。

在人類的視覺系統中存在著這些相對於位置、大小、以及視角的不變量所形成的階層結構，成為視覺系統中堅固的基礎。如果繼續深入人類系統，就會看到視覺皮層（visual cortex）中有對應到曲線與直線等各種形狀的細胞。

再更深入腹側流（ventral stream），就能夠看到更多複雜的細胞，這些細胞被訓練成回應更加複雜的物體，如樹、門等等。腹側流沿路的神經元會隨著相對的區域愈來愈大，反應出神經元所偏好的刺激（stimuli）也愈來愈複雜。

為什麼機器很難了解影像內容？

我們現在知道了視覺資料進入人類視覺系統的方式，也認識了人類視覺系統處理視覺資料的方法。問題在於無法完全了解大腦辨認與組織視覺資料的方法，只能從影像中抽取一些特質，讓電腦透過機器學習演算法學會這些特質而已，我們仍然需要處理形狀、大小、遠近、角度、高度與遮蔽等等許多的變化。

例如，對機器來說，同一張椅子只要從側面看就是完全不同的物體了，不論是用什麼方式呈現。人類很簡單就能夠知道是相同的一張椅子，所以該如何對機器解釋這樣的事情呢？

其中一種作法是將一個物體的大小、角度、遠近等等各種特質的變化全部儲存下來，但這種作法十分麻煩也太耗費時間。實際上也沒辦法收集到包含所有可能變化的資料，因為機器必須花費大量的記憶體，再加上長時間的運算才能夠建立出辨識物體需要的模型。

即使做得到，只要遮去物體的一部份，就會被電腦認為是另一個不同的物體。因此，在建造電腦視覺函式庫時，必須在底層建立出能夠透過不同方式組合，表現出複雜演算法的功能區塊。

OpenCV 提供了許多這樣的函式，並做了高度的最佳化，因此，只要能夠了解 OpenCV 本身提供的功能，就可以建立出有趣的應用。

下一節就讓我們探索這些功能。

OpenCV 能用來做些什麼？

OpenCV 幾乎可以做得到所有想得到的電腦視覺工作，在真實世界裡遇到的問題，會需要同時使用許多電腦視覺演算法與模組，才能夠達到想要的效果。因此，為了達成想要的目標，就得了解需要 OpenCV 模組與函式。

接下來就先介紹 OpenCV 本身提供的功能。

內建資料結構與輸入／輸出

OpenCV 的好處是提供了許多影像處理與電腦視覺相關的操作需要的基元（primitive）。要是自己從無到有開發，就必須定義 Image、Point、Rectangle 等等，而這些是所有電腦視覺演算法的基礎。

OpenCV 提供的所有基本結構，全都包含在 core 模組當中。另一項好處是這些結構都已經針對速度與記憶體做了最佳化，讓開發人員使用時不需要費心在實作細節。

imgcodecs 模組處理的是影像檔案的讀寫，在讀取影像與建立輸出影像時，只需要透過簡單的命令就能夠將影像儲存為 .jpg 或 .png 檔案。

使用錄影功能時必定要處理許多的影像檔案，`videoio` 模組能處理與影片檔案輸入／輸出相關的一切。其能夠輕易的從網路相機擷取影片，也能夠讀取多種不同格式的影片，甚至能夠透過設定畫面更新率（frame per second）、畫格大小（frame size）等屬性，儲存一整組的畫格。

影像處理操作

撰寫影像處理演算法時，經常會重複使用到許多基本的影像處理操作。其中大部份的函式都歸類到 `imgproc` 模組，包括影像過濾（image filtering）、形態學運算（morphological operation）、幾何變換（geometric transformation）、色彩轉換（color conversion）、影像上描繪（drawing on image）、色階直方圖（histogram）、形狀分析（shape analysis）、運動分析（motion analysis）、特徵檢測（feature detection）等等，例如以下這兩張圖片：

右側的圖片是左側圖片旋轉後的結果，只需要一行 OpenCV 程式就能夠做到這樣的效果。

另外還有一個 `ximgproc` 模組，包含了較進階的影像處理演算法，如 structured forests for edge detection、domain transform filter、adaptive manifold filter 等等。

建立 GUI

OpenCV 提供的 `highgui` 模組，能夠處理高階使用者介面操作。例如在處理問題時，會先看看圖片的處理狀況，再進行下一個步驟；這個模組提供的函式能夠建立顯示圖片或影片的視窗。

其也有等待函式，能夠等到使用者按下按鍵或鍵盤再進行下一個步驟。同時也提供偵測滑鼠事件的函式，這些都是建立互動式應用程式時十分有用的工具。

利用這些功能就能夠在輸入視窗畫出矩形，接著再依據使用者選擇的區域進行後續的處理。例如以下的畫面截圖：

可以看到在圖片上畫出了綠色的矩形，只要有了矩形的坐標，就能夠將運算限制在矩形區域之內。

影片分析

分析影片連續畫格的運動、追蹤影片中的不同物體、建立影像監控模型等等都是影片分析的工作，OpenCV 提供的 video 模組能夠處理這所有的工作。

另外還有一個處理影像穩定（video stabilization）的模組是 videostab，影像穩定是十分重要的部份，手持錄影機錄影的時候很難維持穩定，拍攝出來的結果會充滿許多需要修正的抖動。所有的現代裝置都使用了影像穩定技術，先行處理過影片後再呈現給終端使用者。

三維重建

三維重建（3D reconstruction）是電腦視覺領域的重要主題，能夠利用演算法從一組二維圖片重建出三維場景。OpenCV 提供的演算法能夠找出這些二維圖片中不同物體的關係，從而計算出物體在三維空間的位置，此能夠處理這一切的模組是 calib3d。

這個模組同時負責相機校正，也就是估計相機參數的基礎。相機參數定義了相機將捕捉到的場景轉換為影像的方式，開發人員必須知道這些參數，才能夠設計出能夠符合預期結果的演算法，否則可能會得到意料之外的結果。

例如以下的圖片：

從上圖可以看到，從不同的位置拍攝相同的物體，我們的任務是從這些二維圖片重建出原始的物體。

特徵萃取

前面提過，人類視覺系統會從場景中抽取出凸出的特徵（salient feature）以供後續取用，為了模擬這樣的行為，人們開始設計各種特徵萃取程式，能夠從影像中抽取出顯點。常見的演算法有 **Scale Invariant Feature Transform（SIFT）**、**Speeded Up Robust Features（SURF）** 以及 **Features from Accelerated Segment Test（FAST）** 等等。

OpenCV 的 `features2d` 模組提供了偵測與抽取特徵的函式，另一個 `xfeatures2d` 模組提供了一些其他的抽取子（extractor），包含一部份仍在實驗階段的演算法，讀者有機會可以試試看。

還有另一個稱為 `bioinspired` 的模組，提供了基於生物啟發的電腦視覺模型的演算法。

物體偵測

物體偵測是指從圖片中找出物體位置的過程，過程中不會考慮物體的類型。如果設計的是椅子的偵測器，就只能告訴你椅子在圖片中的位置，沒辦法告訴你是張紅色的高背椅或是藍色的低背椅。

偵測物體位置是許多電腦視覺系統中十分重要的步驟，例如以下的圖片：

對這張圖片執行椅子的偵測器，會在所有的椅子周圍畫上綠色的方框，但不會告訴你是什麼樣的椅子。

由於物體偵測過程中需要考慮各種不同的大小，所以一直都是個計算密集（computationally intensive）的工作。為了解決這個問題，Paul Viola 與 Michael Jones 在 2001 年合著的論文提出了一個傑出的演算法，讀者可以在 `https://www.cs.cmu.edu/~efros/courses/LBMV07/Papers/viola-cvpr-01.pdf` 讀到原始的論文，他們提出的方法能夠快速的為任何物體設計出物體偵測器。

OpenCV 透過 `objdetect` 與 `xobjdetect` 模組提供設計物體偵測器所需要的框架，開發人員能夠使用這個框架為任何物體製作偵測器，如太陽眼鏡、鞋子等等。

機器學習

電腦視覺使用了許多機器學習演算法來達成各種不同的目的，例如物體辨識、影像分類、人臉偵測、視覺搜尋等等。

OpenCV 的 `ml` 模組，提供了許多的機器學習演算法，包含 **Bayes Classifier**、**K-Nearest Neighbors（KNN）**、**Support Vector Machines（SVM）**、**決策樹（Decision Trees）**、**類神經網路（Neural Networks）** 等等。

另外還提供了 **Fast Approximate Nearest Neighbor Search Library（FLANN）** 模組，含有在巨大資料集中執行 fast nearest neighbor 搜尋的演算法。

計算攝影學

計算攝影學是指透過高等影像處理技巧改善由相機取得的影像，計算攝影學透過軟體操作視覺資料，而不只是專注在光學處理與影像捕捉的方法上。這部份的應用包含高動態影像（high dynamic range imaging）、全景圖像（panoramic images）、image relighting、光場相機（light field cameras）等等。

請看以下圖片：

請注意圖片中鮮豔的顏色！這是很典型的高動態影像，是用傳統影像捕捉技術無法取得的影像。要做到這張圖片的效果，必須要對相同的場景多次曝光，將影像作適當疊合才能夠建立出這樣的畫面。

photo 與 xphoto 模組包含了許多計算攝影學相關的演算法，另一個 stitching 模組則提供了能夠建立全景影像的演算法。

上圖的網址是

https://pixabay.com/en/hdr-high-dynamic-range-
landscape-806260/

形狀分析

形狀是電腦視覺十分重要的觀念，分析視覺資料就是在辨識圖片中各種不同的形狀，這實際上是許多演算法中十分重要的步驟。

如果想從圖片中辨識出特定的標誌（logo），而且事先知道標誌出現時可能會有不同的形狀、大小與方向，比較好的做法是先將物體的形狀特徵量化。

shape 模組提供萃取不同形狀、評估形狀相似度、轉換物體形狀等等所需的所有演算法。

光流演算法

光流演算法（optical flow algorithm）用於追蹤連續畫格的特徵，如果想在影片中追蹤特定物體，對每個畫框分別執行特徵抽取會需要大量的計算，使得過程十分緩慢。實際上只需要從目前的畫格中抽取特徵，接著再從接續的畫格追蹤這些特徵即可。

電腦視覺在影片相關領域的應用十分依賴光流演算法，optflow 模組包含了許多執行光流時需要的演算法，另一個 tracking 模組則是包含許多追蹤特徵的演算法。

人臉與物體識別

人臉識別（face recognition）是指從圖片中找出指定的人的過程，這跟從圖片中找出臉孔位置的人臉偵測（face detection）不同，人臉偵測只是從圖片中找出臉孔的位置。

如果想要建立一個有用的生物特徵量測系統（biometric system），能夠識別相機前的人，首先需要的就是進行人臉偵測，找出臉孔的位置，接著執行人臉識別，辨識出這個人到底是誰。face 就是處理人臉識別時使用的模組。

先前也提過，電腦視覺試著模仿人類處理視覺資料的方式建立演算法，因此，找出圖片中顯著的區域特徵對於物體識別、物體偵測與追蹤等許多應用都很有幫助。saliency 模組就是為了這個用途而設計，提供從靜態圖片與影片中偵測顯著區域（salient region）的演算法。

曲面匹配

人們愈來愈常與能夠捕捉週遭三維結構的設備互動，這些設備基本上是在捕捉二維彩色影像的同時取得深度資訊。因此，建立能夠了解與處理三維物體的演算法就十分重要。

Kinect 是這類在捕捉視覺資料同時取得深度資訊的設備很好的例子。主要的任務是將輸入的三維物體與資料庫中的模組匹配進行識別。一個能夠識別與找出物體位置的系統，就能夠有許多不同的應用。

surface_matching 這個模組包含了三維物體識別需要的演算法，以及使用三維特徵的位置估算演算法。

文字偵測與識別

從特定場景中找出文字，且辨識出文字的內容愈來愈重要。這項技術的應用包含名牌識別、自駕車的號誌識別、書籍掃描數位化等等。

text 模組包含了處理文字偵測與識別需要的演算法。

深度學習

深度學習對電腦視覺與影像識別產生重大的影響，比其他機器學習與人工智慧演算法達到更高的正確率；深度學習並不是新的概念，這個概念早在 1986 年就提出了，但直到 2012 年左右，隨著針對平行計算最佳化的新 GPU 硬體的發表，**卷積神經網路**（**Convolutional Neural Network，CNN**）的出現以及其他技巧的發表，這些新硬體與技術能夠在合理的時間訓練出複雜的類神經網路，使得深度學習產生革命性的突破。

深度學習能夠應用在影像識別、物體偵測、語音辨識以及自然語言處理等許多不同的領域。OpenCV 從 3.4 版開始實作深度學習演算法，在最新版中，也加入了能夠引入重要框架的導入器（importer），包含 **TensorFlow** 與 **Caffe**。

安裝 OpenCV

接下來要介紹 OpenCV 在主流作業系統上的安裝方式。

Windows

為了簡化過程，以下安裝的是預先建置好的函式庫，請先到 opencv.org 下載 Windows 平台的最新版本。本書寫作時的最新版本是 4.0.0，讀者可以從 OpenCV 官網上的最新版連結下載需要的套件，安裝前請先確認擁有管理員權限。

下載的檔案是個執行檔，只需要點擊兩下就會啟動安裝程序，安裝程式會將需要的檔案解壓縮到目錄當中。讀者也可以選擇安裝的路徑，並在安裝結束後檢查該路徑下所安裝的檔案。

完成以上步驟之後，接著需要設定 OpenCV 環境變數並加入系統路徑才算完成安裝。需要設定指向 OpenCV 函式庫建置目錄的環境變數，接下來的專案會使用到這個環境變數。

開啟命令列視窗輸入以下命令：

```
C:\> setx -m OPENCV_DIR D:\OpenCV\Build\x64\vc14
```

本書假設讀者使用的是 64 位元主機，並安裝了 Visual Studio 2015 版本，要是讀者使用的是 Visual Studio 2012，請將以上命令中的 vc14 更改為 vc11；命令中的路徑是安裝 OpenCV 的目錄，目錄下還會有另外兩個子目錄 lib 與 bin；萬一讀者使用的是 Visual Studio 2018，就必須自行編譯 OpenCV。

接下來就將 bin 的完整路徑加到系統路徑當中，這麼做是為了要以**動態連結函式庫（dynamic link libraries，DLLs）**的方式使用 OpenCV 函式庫。基本上，所有 OpenCV 提供的演算法都儲存在這個地方，作業系統只需要知道在執行應用程式時到這個位置載入函式庫即可。

為了能夠在執行期間載入函式庫，作業系統需要知道正確的載入位置。而系統的 PATH 環境變數包含所有可以尋找 DLLs 的目錄，自然就必須將 OpenCV 函式庫的目錄加入這個變數當中。

如果不這麼做，另一種方式是把需要的 DLLs 複製到與應用程式執行檔（.exe 檔案）相同的目錄下。這是額外的負擔，尤其是需要處理多個不同專案的時候更是如此。

我們需要編輯 PATH 變數，加入適當的目錄路徑。讀者可以使用 **Path Editor** 之類的工具，下載位置是 https://patheditor2.codeplex.com。安裝完成之後，啟動程式，加入新的項目（可以在路徑按下滑鼠右鍵加入新的項目）：

```
%OPENCV_DIR%\bin
```

接著按下儲存將資料存到登錄檔，大功告成！

Mac OS X

接下來要介紹的是在 Mac OS X 上安裝 OpenCV 的步驟，OpenCV 並沒有提供預先建置完成的 Mac OS X 版本執行檔，所以需要從頭開始編譯。

開始之前得先安裝 **CMake**，要是系統上沒有安裝 **CMake**，可以從 https://cmake.org/files/v3.12/cmake-3.12.0-rc1-Darwin-x86_64.dmg 下載。這是個 .dmg 檔案，下載後點開執行安裝程式即可。

從 opencv.org 網站下載最新版本的 **OepnCV**。本書寫作時的最新版本是 4.0.0，可以從 https://github.com/opencv/opencv/archive/4.0.0.zip 下載，下載後將內容解壓縮到自己喜好的目錄下。

OpenCV 4.0.0 也包含稱為 opencv_contrib 的新套件，內容是使用者貢獻但尚未穩定的成果，需要特別注意的是 opencv_contrib 目錄下的部份演算法不能夠免費作商業用途。另外，這個套件也不是必要安裝，即使沒有安裝 opencv_contrib，**OpenCV** 仍然可以正常的運作。

既然已經要安裝 **OpenCV**，就連這個套件一起安裝，以方便後續的實驗（不用再重複一次安裝步驟）。這個套件是學習與嘗試新演算法的好機會，讀者可以從以下網址下載 https://github.com/opencv/opencv_contrib/archive/4.0.0.zip。

讀者可以將壓縮檔解壓縮到自己喜好的目錄下。為了方便可以解壓縮到先前相同的目錄，如前所述，會在目前的目錄下建立 opencv-4.0.0 以及 opencv_contrib-4.0.0 兩個子目錄。

接著就可以開始編譯 **OpenCV** 了，開啟終端機（Terminal），切換到解壓縮 OpenCV 4.0.0 的目錄下，執行以下的指令（請將目錄替換為實際的目錄）：^{譯註 1}

---

^{譯註 1}　CMake 預設不會安裝命令列工具，可以透過將 CMake 的路徑加到 PATH 環境變數：
PATH="/Applications/CMake.app/Contents/bin":"$PATH"
或是透過以下命令設定 symlinks 到 /usr/local/bin'：
sudo/Applications/CMake.app/Contents/bin/cmake-gui--install
執行後輸入密碼即可。

```
$ cd /full/path/to/opencv-4.0.0/
$ mkdir build
$ cd build
$ cmake -D CMAKE_BUILD_TYPE=RELEASE -D CMAKE_INSTALL_PREFIX=/full/path/
to/opencv-4.0.0/build -D INSTALL_C_EXAMPLES=ON -D BUILD_EXAMPLES=ON -D
OPENCV_EXTRA_MODULES_PATH=/full/path/to/opencv_contrib-4.0.0/modules ../
```

接著就可以安裝 OpenCV 4.0.0 了，切換到 /full/path/to/opencv-4.0.0/build 目錄，從終端機執行以下命令：

```
$ make -j4
  $make install
```

上述命令中 -j4 旗標表示會使用四核心進行安裝，這是最快的方式！接下來就該設定函式庫路徑（library path），在終端機透過 vi ~/.profile 命令開啟 ~/.profile 檔案，加上以下內容：

```
export
DYLD_LIBRARY_PATH=/full/path/to/opencv-4.0.0/build/lib:$DYLD_LIBRARY_PATH
```

接著需要將 pkgconfig 目錄中的 opencv.pc 檔案複製到 /usr/local/lib/pkgconfig 目錄下，並更名為 opencv4.pc。如此一來，才不會與系統裡原有的 OpenCV 3.x.x 版本衝突，執行的命令如下：譯註 2

```
$ cp /full/path/to/opencv-4.0.0/build/lib/pkgconfig/opencv.pc
/usr/local/lib/pkgconfig/opencv4.pc
```

接著還需要更新 PKG_CONFIG_PATH 變數，開啟 ~/.profile 檔案，加上如下資料：

```
export PKG_CONFIG_PATH=/usr/local/lib/pkgconfig/:$PKG_CONFIG_PATH
```

執行以下命令重新載入 ~/.profile：

```
$ source ~/.profile
```

這樣就完成了！接著試看看能不能運作：譯註 3

```
$ cd /full/path/to/opencv-4.0.0/samples/cpp
$ g++ -ggdb opencv_version.cpp `pkg-config --cflags --libs opencv4 -o /
tmp/opencv_version && /tmp/opencv_version
```

譯註 2　OpenCV 4.0.0 版已將 pkgconfig 支援設為停用（deprecate），需要先修改 CMakeLists.txt 內容，將 OCV_OPTION(OPENCV_GENERATE_PKGCONFIG "Generate .pc file for pkg-config build tool (deprecated)" OFF) 中的 OFF 修改為 ON（Mac 系統）或 YES（Linux 系統），才會在編譯完成後產生 opencv4.pc 檔。

譯註 3　若編譯過程出現 error: no template named 'initializer_list' in namespace 'std'> 錯誤，可以改用以下命令：
g++ -ggdb -std=c++0x 'pkg-config --cflags --libs opencv4' opencv_version.cpp
-o opencv_version

要是終端機畫面出現 **Welcome to OpenCV 4.0.0**，就代表安裝成功。本書接下來會使用 CMake 建立所有的 OpenCV 專案，下一章會更詳細的說明相關細節。

Linux

接下來要介紹的是在 Ubuntu 上安裝 OpenCV 的步驟，首先必須要安裝需要的相依性函式庫，請從終端機執行以下命令，透過套件管理工具安裝：^{譯註 4}

```
$ sudo apt-get -y install libopencv-dev build-essential cmake
libdc1394-22 libdc1394-22-dev libjpeg-dev libpng12-dev libtiff5-dev
libjasper-dev libavcodec-dev libavformat-dev libswscale-dev libxine2-dev
libgstreamer0.10-dev libgstreamer-plugins-base0.10-dev libv4l-dev libtbb-
dev libqt4-dev libmp3lame-dev libopencore-amrnb-dev libopencore-amrwb-dev
libtheora-dev libvorbis-dev libxvidcore-dev x264 v4l-utils
```

安裝完相依的函式庫之後，接下來就可以下載、編譯與安裝 OpenCV 了：

```
$ wget "https://github.com/opencv/opencv/archive/4.0.0.tar.gz" -O opencv.
tar.gz
$ wget "https://github.com/opencv/opencv_contrib/archive/4.0.0.tar.gz" -O
opencv_contrib.tar.gz
$ tar -zxvf opencv.tar.gz
$ tar -zxvf opencv_contrib.tar.gz
$ cd opencv-4.0.0
$ mkdir build
$ cd build
$ cmake -D CMAKE_BUILD_TYPE=RELEASE -D CMAKE_INSTALL_PREFIX=/full/path/
to/opencv-4.0.0/build -D INSTALL_C_EXAMPLES=ON -D BUILD_EXAMPLES=ON -D
OPENCV_EXTRA_MODULES_PATH=/full/path/to/opencv_contrib-4.0.0/modules ../
$ make -j4
$ sudo make install
```

接著複製 `pkgconfig` 用的 `opencv.pc` 檔案到 `/usr/local/lib/pkgconfig` 目錄下，並更名為 `opencv4.pc`：

```
$ cp /full/path/to/opencv-4.0.0/build/lib/pkgconfig/opencv.pc
/usr/local/lib/pkgconfig/opencv4.pc
```

大功告成！接著就可以從命令列編譯 OpenCV 程式，此外，要是系統原先就安裝了 OpenCV 3.x.x 版本，也不會有任何衝突。

---

^{譯註 4} 最新版的 Ubuntu 18.04，因函式庫更新，需使用以下命令安裝更新版的函式庫：
```
$ sudo apt-get -y install libopencv-dev build-essential cmake
libdc1394-22 libdc1394-22-dev libjpeg-dev libpng12-0 libtiff5-dev
libjasper-dev libavcodec-dev libavformat-dev libswscale-dev libxine2-
dev libgstreamer0.10-0 libgstreamer-plugins-base0.10-0 libv4l-dev libtbb-
dev libqt4-dev libmp3lame-dev libopencore-amrnb-dev libopencore-amrwb-dev
libtheora-dev libvorbis-dev libxvidcore-dev x264 v4l-utils
```

試看看安裝結果能不能正常的運作：

```
$ cd /full/path/to/opencv-4.0.0/samples/cpp
$ g++ -ggdb opencv_version.cpp `pkg-config --cflags --libs opencv4` -o /
tmp/opencv_version && /tmp/opencv_version
```

要是可以看到畫面輸出 **Welcome to OpenCV 4.0.0** 就代表安裝成功，接下來的章節裡會使用 CMake 建立 OpenCV 專案。譯註5

小結

本章討論了人類的視覺系統以及人類處理視覺資料的方法，同時也了解到機器很難做到相同行為的原因，以及設計電腦視覺函式庫時需要考慮的因素。

另外也學到了使用 OpenCV 能夠做到的事，以及完成這些工作所需要的 OpenCV 模組。最後，我們學到了在各種作業系統安裝 OpenCV 的方法。

下一章將會討論操作影像的方法，會使用各種不同函式操作影像，還會介紹建置 OpenCV 專案所使用的檔案結構。

譯註5　若執行範例時出現 libopencv_core.so.4.0: cannot open shared object file 的錯誤，請在 ~/.profile 檔案中加入一行
export LD_library_path=/full/path/to/opencv-4.0.0/lib:$LD_LIBRARY_PATH
加入後執行
$ source ~/.profile
重新載入環境，再執行範例程式。

2

OpenCV 基礎介紹

第 1 章「*OpenCV 入門*」介紹了在主流作業系統安裝 OpenCV 的方式,接著要介紹的是 OpenCV 開發的基礎。首先會說明如何透過 CMake 建立專案,本章會介紹影像的基本資料結構、矩陣以及專案需要的其他結構;另外還會介紹透過 OpenCV 存續函式,將變數與資料儲存為 XML / YAML 檔案的方法。

本章內容包括:

- 使用 CMake 設定專案
- 從磁碟寫入/讀取影像
- 讀取影片與存取相機設備
- 主要影像結構(如矩陣)
- 其他重要的結構(向量、常量等等)
- 矩陣運算基本介紹
- 使用 OpenCV 的 XML / YAML 存取 API 儲存檔案

技術要求

讀者需要熟悉基本的 C++ 程式語言,本章的所有程式碼都可以從以下的 GitHub 網址 取 得:https://github.com/PacktPublishing/Learn-OpenCV-4-By-Building-Projects-Second-Edition/tree/master/Chapter_02。程式碼應該可以在所有的作業系統執行,但筆者只有在 Ubuntu 上測試。

讀者可以在以下網址的影片中看到程式實際執行的效果:
http://bit.ly/2QxhNBa

基本 CMake 設定檔

本書使用 CMake 設定與檢查專案需要的所有相依性，不是非用 CMake 不可，也可以用 **Makefiles** 或 **Visual Studio** 等工具與 IDE 設定專案，但 CMake 是設定跨平台 **C++** 專案可攜性較高的作法。

CMake 的設定檔是 CMakeLists.txt，其中定義了編譯與相依的程序，對於最基本從單一個原始檔產生執行檔的專案而言，CMakeLists.txt 只需要以下的三行內容：

```
cmake_minimum_required (VERSION 3.0)
project (CMakeTest)
add_executable(${PROJECT_NAME} main.cpp)
```

第一行定義了 **CMake** 的最低版本要求，CMakeLists.txt 一定要有這行資訊，才能夠在後續的內容裡使用特定版本提供的 cmake 功能；上述範例中要求最少要是 **CMake** 3.0，第二行定義專案名稱，專案名稱會同時儲存為 PROJECT_NAME 變數。

最後一行用 main.cpp 檔案建立一個可執行的命令（add_executable()），將執行檔名稱設定為專案名稱（${PROJECT_NAME}），也就是依據設定的專案名稱，將原始碼編譯為檔名 **CMakeTest** 的可執行檔。${} 表示式能夠存取環境中定義的所有變數，上面的例子使用 ${PROJECT_NAME} 變數做為可執行檔的輸出名稱。

建立函式庫

CMake 能讓開發人員建立供 OpenCV 建置系統使用的函式庫，將應用程式共同的部份抽取為函式庫是在軟體開發上很常見的作法，特別適用於大型應用程式或多個應用程式有共同部份的情況。建立函式庫的時候不需要建立可執行檔，而是建立包含所有函式、類別等編譯後成品的檔案。接著就可以與其他應用程式分享函式庫檔案，而不是分享原始程式碼。

CMake 包含了為此使用的 add_library 函式：

```
# 建立第一個函式庫
    add_library(Hello hello.cpp hello.h

# 建立使用新函式庫的應用程式
```

```
add_executable(executable main.cpp)
```

```
# 連結函式庫建立可執行檔
    target_link_libraries(executable Hello)
```

CMake 會忽略以 # 開頭的該行內容，一般用於註解。add_library(Hello hello.cpp hello.h) 命令定義了函式庫的名稱與原始檔檔名，Hello 是函式庫名稱，hello.cpp 與 hello.h 則是原始檔，加入標頭檔是為了讓 Visual Studio 等 IDE 能夠正確連結到標頭檔。add_library 命令會產生共享函式庫（對 OS X 與 Unix 系統而言是 .so 檔案，在 Windows 系統則是 .dll 檔案）或靜態函式庫（OS X 與 Unix 系統上的 .a 以及 Windows 系統上的 .lib），取決於函式庫名稱與原始檔間是否加上 SHARED 或 STATIC 關鍵字而定。target_link_libraries(executable Hello) 命令會為執行檔連結所需使用的函式庫，以這個範例而言就是 Hello 函式庫。

維護相依性

CMake 能夠搜尋相依性與外部函式庫，能夠在專案中加入對外部元件的相依性與設定額外的需求，建立使用外部元件的複雜專案。

本書中最重要的相依性當然是 OpenCV，所有的專案都會加入這個相依性：

```
    cmake_minimum_required (VERSION 3.0)
    PROJECT(Chapter2)
# 需要 OpenCV
    FIND_PACKAGE( OpenCV 4.0.0 REQUIRED )
# 顯示偵測到的 opencv 版本
    MESSAGE("OpenCV version : ${OpenCV_VERSION}")
# 加入 include 目錄／標頭檔路徑
    include_directories(${OpenCV_INCLUDE_DIRS})
# 加入編譯好的函式庫／物件路徑
    link_directories(${OpenCV_LIB_DIR})
#建立 SRC 變數
    SET(SRC main.cpp)
# 建立可以執行檔
    ADD_EXECUTABLE(${PROJECT_NAME}) ${SRC})
# 連結函式庫
    TARGET_LINK_LIBRARIES(${PROJECT_NAME} ${OpenCV_LIBS})
```

接下來詳細的說明命令稿的內容：

```
cmake_minimum_required (VERSION 3.0)
cmake_policy(SET CMP0012 NEW)
PROJECT(Chapter2)
```

第一行定義了 CMake 版本的最低要求，第二行則告訴 CMake 啟用新版 CMake 行為，讓 CMake 能夠正確的辨別數字與布林常數，不需要額外對變數名稱解參考（dereference）；這是 CMake 2.8.0 引進的新原則（policy），從 3.0.2 版後，CMake 會在未設定原則時發出警告訊息。最後一行定義了專案的名稱，定義了專案名稱之後，接著需要定義需求、函式庫與相依性：

```
# 需要 OpenCV
    FIND_PACKAGE( OpenCV 4.0.0 REQUIRED )
# 顯示偵測到的 opencv 版本
    MESSAGE("OpenCV version : ${OpenCV_VERSION}")
    include_directories(${OpenCV_INCLUDE_DIRS})
    link_directories(${OpenCV_LIB_DIR})
```

這段命令稿是為了搜尋 OpenCV 的相依性，FIND_PACKAGE 能夠尋找相依性，並指定相依性的最低版本以及是否為必要相依性。範例中尋找 OpenCV 4.0.0 以上的版本，並設定為必要的套件。

這個 FIND_PACKAGE 命令包含了 OpenCV 所有的模組，讀者可以只指定想要引進的模組，縮小專案的體積並提高執行速度。例如，要是只會用到 OpenCV 的基本型別與核心函式，就可以使用以下命令：FIND_PACKAGE(OpenCV 4.0.0 REQUIRED core)。

要是 CMake 找不到必要的函式庫，會傳回錯誤並停止編譯應用程式。MESSAGE 函式會在終端機（命令列視窗）或 CMake GUI 顯示訊息，範例中顯示了 OpenCV 的版本：

```
OpenCV version : 4.0.0
```

`${OpenCV_VERSION}` 是 **CMake** 儲存 **OpenCV** 套件版號所使用的變數名稱。`include_directoreis()` 與 `link_directories()` 會將特定函式庫的標頭檔與路徑加入專案編譯環境，**CMake** 模組會將 **OpenCV** 的相關資料儲存在 `${OpenCV_INCLUDE_DIRS}` 與 `${OpenCV_LIB_DIR}` 變數。並不是所有的平台都需要這兩行設定，例如在 **Linux** 之類的平台，這些路徑通常會儲存在環境變數，但對於系統中安裝了多個 **OpenCV** 版本的情況，建議加上這兩行設定，選擇正確的連結與引用的路徑，接著就可以引入專案的原始檔了：

```
#建立 SRC 變數
    SET(SRC main.cpp)
# 建立可以執行檔
    ADD_EXECUTABLE(${PROJECT_NAME}) ${SRC})
# 連結函式庫
    TARGET_LINK_LIBRARIES(${PROJECT_NAME} ${OpenCV_LIBS})
```

最後幾行是建立執行檔與連結 **OpenCV** 函式庫，這部份與前一節「**建立函式庫**」的作法相同。這段程式碼中使用了一個新的函式 `SET`，這個函式會建立新變數並設定為指定的數值，範例中建立了 `SRC` 變數，將數值設為 `main.cpp`；也可以對相同變數加入多個數值，例如：

```
SET(SRC main.cpp
        util.cpp
        color.cpp
)
```

更複雜的命令稿

本節要介紹更複雜的命令稿，包含子目錄、函式庫與執行檔，從以下的命令稿可以看到，這一切只需要兩個檔案與幾行指令就能夠完成。並沒有硬性規定一定要建立多個 CMakeLists.txt 檔案，所有的設定可以都放在同一個 CMakeLists.txt 裡。但比較常見的做法是在每個專案子目錄下都使用各自的 CMakeLists.txt，這種作法比較有彈性，可攜性也較高。

本節範例使用的檔案結構如下，有一個 `utils` 函式庫的目錄，包含主執行檔在內的其他程式碼則放在 `root` 目錄：

```
CMakeLists.txt
main.cpp
utils/
    CMakeLists.txt
    computeTime.cpp
```

```
computeTime.h
logger.cpp
logger.h
plotting.cpp
plotting.h
```

接著需要定義這兩個 CMakeLists.txt 檔案的內容：一個位於 root 目錄，另一個則位於 utils 目錄，根目錄的 CMakeLists.txt 檔案的內容如下：

```
cmake_minimum_required (VERSION 3.0)
project (Chapter2)

# 需要 OpenCV 套件
FIND_PACKAGE( OpenCV 4.0.0 REQUIRED )

# 加入 opencv 標頭檔到專案
include_directories(${OpenCV_INCLUDE_DIR})
link_directories(${OpenCV_LIB_DIR})

# 將子目錄加入建置
add_subdirectory(utils)

# 加入額外的 log 訊息以及編譯前的定義
option(WITH_LOG "Build with output logs and images in tmp" OFF)
if(WITH_LOG)
    add_definitions(-DLOG)
endif(WITH_LOG)

# 產生新的執行檔
add_executable(${PROJECT_NAME} main.cpp)
# 連結專案與相依性
target_link_libraries(${PROJECT_NAME} ${OpenCV_LIBS} Utils)
```

幾乎所有的命令都已經在前一節介紹過了，接下來介紹新出現的函式，add_subdirectory() 讓 CMake 知道要分析指定子目錄下的 CMakeLists.txt。在繼續說明主要 CMakeLists.txt 內容之前，先看看 utils 目錄下的 CMakeLists.txt。

在 utils 目錄下的 CMakeLists.txt 檔會產生新的函式庫，並將產生的函式庫放到主專案目錄：

```
# 加入 utils 函式庫原始檔的變數
SET(UTILS_LIB_SRC
    computeTime.cpp
    logger.cpp
    plotting.cpp
)
```

```
# 建立新的 utils 函式庫
    add_library(Utils ${UTILS_LIB_SRC})
# 確保編譯器到正確的位置尋找函式庫的引入檔
    target_include_directories(Utils PUBLIC ${CMAKE_CURRENT_SOURCE_DIR})
```

這個 CMake 命令稿定義了 UTILS_LIB_SRC 變數，將變數指定為函式庫中所有的檔案名稱，接著透過 add_library 產生函式庫，並使用 target_include_directories 函式讓主專案能夠偵測得到所有的標頭檔。離開 utils 子目錄再次回到根目錄的 CMake 命令稿，option 函式建立一個新的變數並提供一小段說明訊息，也就是範例中的 WITH_LOG。這個變數可以透過 ccmake 命令列或 CMake GUI 介面改變數值，在圖形介面上，會出現描述訊息與勾選框供使用者啟用／停用這個設定。這個函式非常有用，能讓使用者決定編譯時期使用的功能，例如是否啟用 log 功能，或是像 OpenCV 一樣決定是否要編譯 Java 或 Python 的支援等等。

本節的範例使用了這個選項啟用應用程式的 logger，在程式碼透過前置處理器定義啟用 logger：

```
#ifdef LOG
    logi("Number of iteration %d", i);
#endif
```

LOG 巨集是在 CMakeLists.txt 中呼叫 add_definitions 定義（-DLOG），而這個函式則又透過 WITH_LOG 變數決定是否呼叫：

```
if (WITH_LOG)
    add_definitions(-DLOG)
endif(WITH_LOG)
```

接下來就可以為本書的電腦視覺專案，建立能夠在任何作業系統上編譯的 CMake 命令稿了。在著手建立範例專案之前，先讓我們再次回到 OpenCV 的基礎。

影像與矩陣

電腦視覺中最重要的結構除了影像之外不作第二人想，電腦視覺領域的影像是指透過數位設備從真實世界捕捉到的資訊。如下圖所示，照片是以矩陣格式儲存的一長串數字序列，每個數字代表了特定波長（如彩色圖片中的紅、綠、黃）的光線強度，圖片中的每個點稱為「**像素**」（**pixel**，影像元素），每個像素依據照片的不同儲存了一個以上的數值，對於只有灰、黑或白的圖片（稱為二值化影像）只需要儲存一個數值（如 0 或 1），灰階圖片也只需要一個數值，彩色圖片則需要儲存三個數值。通常數值是在 0 到 255 之間的整數，但也可以使用其他的範圍，例如，**HDRI（High Dynamic Range Imaging）** 或熱成像圖會使用 0 到 1 之間的浮點數。

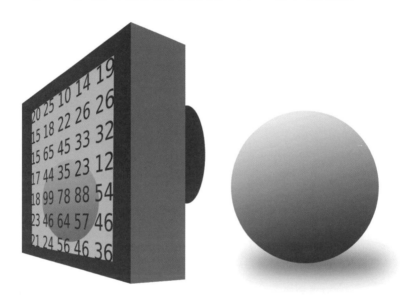

影像是以矩陣的格式儲存，每個像素都有其位置，可以透過行、列的數值定位。OpenCV 定義了 Mat 類別作為這個用途，對於灰階影像只會使用一個矩陣，如下圖：

159	165	185	187	185	190	189	198	193	197	184	152	123
174	167	186	194	185	196	204	191	200	178	149	129	125
168	184	185	188	195	192	191	195	169	141	116	115	129
178	188	190	195	196	199	195	164	128	120	118	126	135
188	194	189	195	201	196	166	114	113	120	128	131	129
187	200	197	198	190	144	107	106	113	120	125	125	125
198	195	202	183	134	98	97	112	114	115	116	116	118
194	206	178	111	87	99	97	101	107	105	101	97	95
206	168	107	82	80	100	102	91	98	102	104	99	72
160	97	80	86	80	92	80	79	71	74	61	61	64
98	66	76	86	76	83	72	71	55	83	61	61	56
60	76	74	70	67	64	63	60	55	49	54	52	54

如果是彩色圖片，如下圖所示，會使用寬 × 長 × 顏色通道數的矩陣：

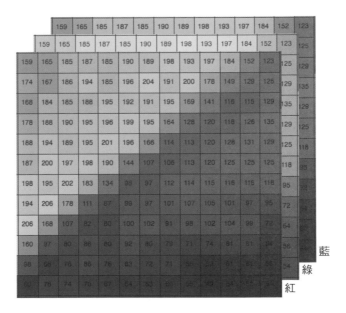

Mat 類別不只可以儲存影像，也可以儲存其他不同類型、任意大小的矩陣，執行矩陣代數等運算，下一節會介紹最重要的矩陣運算，包含矩陣加法、乘法以及對角化矩陣等等。在這之前，讀者必須要先知道矩陣在電腦記憶體中的儲存方式，因為存取記憶體位置永遠比透過 OpenCV 函式存取個別像素還要更有效率。

矩陣在記憶體裡依據行（column）或列（row）的順序儲存為陣列或連續的數值，下表是 **BGR** 影像格式一連串像素的數值：

Row 0			Row 1			Row 2		
Col 0	Col 1	Col 2	Col 0	Col 1	Col 2	Col 0	Col 1	Col 2
Pixel 1	Pixel 2	Pixel 3	Pixel 4	Pixel 5	Pixel 6	Pixel 7	Pixel 8	Pixel 9
B G R	B G R	B G R	B G R	B G R	B G R	B G R	B G R	B G R

依照這個順序，就可以透過以下的公式存取任何的像素：

```
數值 = Row_i*num_cols*num_channels + Col_i + channel_i
```

雖然 OpenCV 函式已經對隨機存取作了高度最佳化，但有時（透過指標運算）直接存取記憶體會更有效率，例如在迴圈中存取每個像素之類的情況。

讀取／寫入影像

緊接著矩陣的介紹之後，接著要寫個基本的 OpenCV 程式，首先要學的就是影像的讀取與寫入：

```cpp
#include <iostream>
#include <string>
#include <sstream>
using namespace std;

// 引入 OpenCV
#include "opencv2/core.hpp"
#include "opencv2/highgui.hpp"
using namespace cv;

int main( int argc, const char** argv )
{
    // 讀取影像
    Mat color= imread("../lena.jpg");
    Mat gray= imread("../lena.jpg", IMREAD_GRAYSCALE);

    if(! color.data )  //檢查輸入是否可用
    {
    cout << "Could not open or find the image" << std::endl ;
    return -1;
    }

    // 寫出影像
    imwrite("lenaGray.jpg", gray);
    // 用 opencv 函式取得同一像素
    int myRow=color.cols-1;
    int myCol=color.rows-1;
    auto pixel= color.at<Vec3b>(myRow, myCol);
    cout << "Pixel value (B,G,R): (" << (int)pixel[0] << "," <<
    (int)pixel[1] << "," << (int)pixel[2] << ")" << endl;
    // 顯示影像
    imshow("Lena BGR", color);
    imshow("Lena Gray", gray);
    // 等待按下任何按鍵
    waitKey(0);
    return 0;
}
```

接下來試著了解程式碼：

```
// 引入 OpenCV
#include "opencv2/core.hpp"
#include "opencv2/highgui.hpp"
using namespace cv;
```

首先必須引進範例程式使用的函式宣告，這些函式都包含在 core 模組（基本影像資料處理）以及 highgui（OpenCV 提供的跨平台 I/O 函式是 core 與 highgui 模組，前者包含了矩陣等基本類別，後者則包含讀取、寫入與透過圖形介面顯示影像等函式）。接著是讀取影像：

```
// 讀取影像
Mat color= imread("../lena.jpg");
Mat gray= imread("../lena.jpg", IMREAD_GRAYSCALE);
```

imread 是讀取影像的重要函式，會讀取影像檔儲存為矩陣格式。imread 函式有兩個參數，第一個參數是包含影像路徑的字串，第二個是選用參數，預設是讀取彩色影像。第二個參數接受以下數值：

- cv::IMREAD_UNCHANGED：使用這個常數時會傳回輸入檔色彩濃度（depth）的 16 位元／ 32 位元影像，否則 imread 函式會將影像轉換為 8 位元影像。

- cv::IMREAD_COLOR：設為這個常數時會強制將影像轉換為彩色（BGR，無號八位元格式）。

- cv::IMREAD_GRAYSCALE：設為這個常數則會轉換為灰階影像（無號八位元格式）。

儲存影像則是使用 imwrite 函式，會將記憶體的矩陣影像儲存為檔案：

```
// 寫出影像
imwrite("lenaGray.jpg", gray);
```

第一個參數是要儲存影像的檔案路徑以及影像格式的副檔名，第二個參數是要儲存的影像；範例程式建立並儲存影像的灰階版本，接著將載入並儲存在 gray 變數的灰階影像寫入到 .jpg 檔案：

```
// 用 opencv 函式取得同一像素
int myRow=color.rows-1;
int myCol=color.cols-1;
```

利用矩陣的 .cols 與 .rows 屬性能夠取得影像的行數與列數，也就是影像的寬與高：

```
Vec3b pixel= color.at<Vec3b>(myRow, myCol);
cout << "Pixel value (B,G,R): (" << (int)pixel[0] << "," << (int)pixel[1]
<< "," << (int)pixel[2] << ")" << endl;
```

要存取影像特定位置的像素，可以使用 OpenCV Mat 類別的 cv::Mat::at<typename t>(row,col) 樣板函式。樣板的參數是傳回的型別，8-bit 影像使用的 typename 是 Vec3b 類別，其中包含了三個 unsigned char 資料（Vec=vector，3= 成員個數，b= 1 byte）；如果是灰階影像，可以直接使用 unsgined char 或任何影像使用的數字格式，例如 uchar pixel= color.at<uchar>(myRow, myCol)。最後，透過 imshow 函式建立顯示影像的視窗，第一個參數是視窗標題，第二個參數則是影像矩陣：

```
// 顯示影像
imshow("Lena BGR", color);
imshow("Lena Gray", gray);
// 等待按下任何按鍵
waitKey(0);
```

如果想要暫停程式等待使用者按下按鍵，可以透過 OpenCV 提供的 waitKey 函式。函式的參數是想要等待的毫秒（milliseconds）數，設定為 0 就會一直等待下去，直到使用者按下按鍵。

程式碼執行後會顯示如下的圖片，左側是彩色影像，右側是灰階：

最後，作為後續範例的範例程式，還需要一個 CMakeLists.txt，讓讀者能夠自行編譯範例程式。

以下是 CMakeLists.txt 的內容：

```
cmake_minimum_required (VERSION 3.0)
cmake_policy(SET CMP0012 NEW)
PROJECT(project)

set (CMAKE_CXX_STANDARD 11)譯註6

# 需要 OpenCV
FIND_PACKAGE( OpenCV 4.0.0 REQUIRED )
MESSAGE("OpenCV version : ${OpenCV_VERSION}")

include_directories(${OpenCV_INCLUDE_DIRS})
link_directories(${OpenCV_LIB_DIR})

ADD_EXECUTABLE(sample main.cpp)
TARGET_LINK_LIBRARIES(sample ${OpenCV_LIBS})
```

譯註6 在 macOS 上需要加上 set(CMAKE_CXX_STANDARD 11) 啓用 C++ 11 標準，否則編譯範例時會發生錯誤。

利用 CMakeLists.txt 編譯程式碼的步驟如下：

1. 建立 build 目錄。

2. 在 build 目錄下，執行 cmake 或在 Windows 開啟 CMake gui 應用程式，選擇原始碼目錄（source）與建置目錄（build），按下 **Configure** 與 **Generate** 鍵。

3. 要是使用 Linux 或 macOS，如先前一般產生 Makefile，就可以使用 make 命令編譯專案；要是使用的是 Windows，就必須用編譯器開啟前一個步驟產生的專案進行編譯。

最後，在編譯完應用程式之後，會在 build 目錄下產生名為 sample 的可執行檔。

讀取影像與相機

本節透過以下簡單的例子，介紹讀取影片檔與相機輸入。在說明讀取影片檔或相機輸入的程式之前，要先介紹一個協助處理命令列參數十分方便的類別，這個類別是在 OpenCV 3.0 版加入，名稱是 CommandLineParser：

```
// OpenCv 命令列剖析函式
// 命令列剖析器接受的命令
const char* keys =
{
  "{help h usage ? | | print this message}"
  "{@video | | Video file, if not defined try to use webcamera}"
};
```

使用命令列剖析器（CommandLineParser）的第一步是利用常數 char 向量定義需要或允許使用的參數，每個參數都必須符合以下的格式：

```
"{參數名稱 | 預設值 | 說明}"
```

參數名稱能夠以 @ 作為字首，表示參數是預設參數。一個應用程式可以包含多個參數名稱：

```
CommandLineParser parser(argc, argv, keys);
```

建構子需要 main 函式輸入的參數以及先前定義的常數：

```
// 如果要求顯示 help
if (parser.has("help"))
{
        parser.printMessage();
        return 0;
}
```

.has 類別方法會檢查參數是否存在，範例中檢查了使用者是否使用了 -help 或 ? 參數，如果使用了這個參數，就透過 printMessage 顯示所有參數的說明：

```
String videoFile= parser.get<String>(0);
```

程式可以透過 .get<typename>(parameterName) 函式取得所有輸入的參數：

```
// 檢查參數值是否能正確剖析為變數
if (!parser.check())
{
    parser.printErrors();
    return 0;
}
```

取得所有的必要參數之後，可以檢查是否能夠正確的剖析參數，如果有任何參數無法正確剖析，就顯示錯誤訊息，例如加入了字串而不是數字：

```
VideoCapture cap; // 開啟預設相機
if(videoFile != "")
    cap.open(videoFile);
else
    cap.open(0);
if(!cap.isOpened()) // 檢查是否成功
    return -1;
```

讀取影片與相機使用相同類別，VideoCapture 類別屬於 videoio 模組，而不是如以往的 OpenCV 版本屬於 highgui 模組。建立物件之後，先檢查命令列參數的 videoFile 參數是否包含完整的檔案名稱，如果沒有指定檔案名稱，就試著開啟網路相機（webcam），有指定檔名就開啟影片檔。開啟的方式是使用 open 函式，指定影片檔案名稱或想要開啟的相機索引作為參數，如果系統只有一部相機，可以使用 0 作為參數。

要判斷是否能夠讀取影片檔案或相機，可以使用 isOpened 函式：

```
namedWindow("Video",1);
for(;;)
{
    Mat frame;
    cap >> frame;  // 從相機取得新畫格
    if(frame)
        imshow("Video", frame);
    if(waitKey(30) >= 0) break;
}
// 釋放相機或影像擷取
cap.release();
```

最後，透過 namedWindow 函式建立視窗，並在無窮迴圈內使用 >> 運算子抓取個別畫格內容，要是能夠正確的取得畫格內容，就使用 imshow 函式顯示影像。以這個範例而言，並不希望就此停止應用程式，而是用 waitKey(30) 等待 30 毫秒，確認使用者是否按下任何按鍵，以示意停止應用程式。

使用相機時，必須依據相機的速度決定取得下個畫格前的等待時間，例如，假設相機的運作速度是 20 fps，而演算法得花上 10 毫秒才能執行完畢，則適當的等待時間就是 *30 = (1000/20) - 10* 毫秒。這個計算公式的邏輯考慮到等待時間必須夠長，才能確保下個畫格的內容已完全讀入緩衝區；如果使用的相機需要 40 毫秒才能處理完一個影像，而演算法同樣得花 10 毫秒，那麼 waitKey 函式的參數值就只需要使用 30 毫秒，因為 30 毫秒的等待時間再加上 10 毫秒的演算法運算時間，就相當於能夠從相機取得下個畫格所需要的時間。

使用者想要停止應用程式時，只需要按下任何按鍵，程式就會使用 release 函式釋放所有的影片資源。

對電腦影像應用程式而言，釋放執行過程中取得的所有資源十分重要，要是沒有釋放資源，就會耗盡所有的隨機記憶體，程式可以透過 release 函式釋放矩陣。

程式的執行結果會開啟新的視窗，顯示影片內容，或以 BGR 格式顯示 webcam 抓取到的畫面。

其他基本物件型別

先前介紹了 Mat 與 Vec3b 類別，但還需要認識一些其他類別。

本節要介紹大多數專案都會使用到的基本物件型別。

- Vec
- Scalar
- Point
- Size
- Rect
- RotatedRect

Vec 物件型別

Vec 是個樣板類別（template class），主要用於數值向量。我們可以定義任何型別的向量，也可以自行指定元件的個數。

```
Vec<double,19> myVector;
```

使用時可以選擇預先定義的型別：

```
typedef Vec<uchar, 2> Vec2b;
typedef Vec<uchar, 3> Vec3b;
typedef Vec<uchar, 4> Vec4b;

typedef Vec<short, 2> Vec2s;
typedef Vec<short, 3> Vec3s;
typedef Vec<short, 4> Vec4s;

typedef Vec<int, 2> Vec2i;
typedef Vec<int, 3> Vec3i;
typedef Vec<int, 4> Vec4i;

typedef Vec<float, 2> Vec2f;
typedef Vec<float, 3> Vec3f;
typedef Vec<float, 4> Vec4f;
typedef Vec<float, 6> Vec6f;

typedef Vec<double, 2> Vec2d;
typedef Vec<double, 3> Vec3d;
```

```
typedef Vec<double, 4> Vec4d;
typedef Vec<double, 6> Vec6d;
```

這個類別實作了以下所有的向量運算

```
v1 = v2 + v3
v1 = v2 - v3
v1 = v2 * scale
v1 = scale * v2
v1 = -v2
v1 += v2
```

其他實作的運算還有：

```
v1 == v2, v1 != v2
norm(v1) （歐氏模值）
```

Scalar 物件型別

Scalar 物件型別是延伸自 Vec 的向量型別，其包含了四個元素。OpenCV 在傳遞與讀取像素值時大量使用了 Scalar 型別。

Vec 與 Scalar 可以如以下範例一般，透過其他 Vec、Scalar 或逐個數值初始化，若需要存取個別數值，則可以使用 [] 運算子：

```
Scalar s0(0);
Scalar s1(0.0, 1.0, 2.0, 3.0);
Scalar s2(s1);
```

Point 物件型別

另一個十分常見的物件樣板是 Point，這個類別透過指定 x 與 y 坐標值來定義二維空間中的點。

> 與 Point 物件型別類似的還有 Point3 樣板類別，這個類別定義了三維空間中的點。

與 Vec 類別相同，OpenCV 為了使用者的方便，為 Point 未定義了以下的別名：

```
typedef Point_<int> Point2i;
typedef Point2i Point;
typedef Point_<float> Point2f;
typedef Point_<double> Point2d;
```

Point 定義了以下操作子：

```
pt1 = pt2 + pt3;
pt1 = pt2 - pt3;
pt1 = pt2 * a;
pt1 = a * pt2;
pt1 = pt2 / a;
pt1 += pt2;
pt1 -= pt2;
pt1 *= a;
pt1 /= a;
double value = norm(pt);  // L2模值
pt1 == pt2;
pt1 != pt2;
```

Size 物件型別

另一個十分重要且廣為使用的樣板類別，是用來表示影像或矩形大小的樣板類別 Size。這個類別有兩個成員：width 與 height 以及十分方便的 area() 函式，以下範例示範了使用 Size 的方式：

```
Size s(100,100);
Mat img=Mat::zeros(s, CV_8UC1);  // 100 x 100 單通道矩陣
s.width= 200;
int area = s.area();                // 傳回 100x200
```

Rect 物件型別

Rect 是另一個用來定義二維矩陣的樣板類別，定義的方式是利用以下的參數：

- 左上角的坐標值
- 矩形的長與寬

Rect 樣板類別可以用來定義圖像中**感興趣的區域**（**region of interest，ROI**），示範如下：

```
Mat img=imread("lena.jpg");
Rect rect_roi(0,0, 100,100);
Mat img_roi=img(r);
```

RotatedRect 物件型別

最後一個常用的類別是稱為 RotatedRect 的特殊矩形，這個類別透過中心（center）、矩形的長與寬以及旋轉的角度定義旋轉後的矩形：

```
RotatedRect(const Point2f& center, const Size2f& size, float angle);
```

這個類別提供了一個有趣的函式 boundingBox，會傳回能夠包含旋轉後矩形的 Rect：

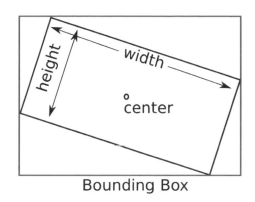

Bounding Box

基本矩陣運算

本節要介紹基本且重要的矩陣運算，這些運算適用於影像與任何矩陣資料。先前介紹過載入影像，將影像存為 Mat 變數的方式，另外也可以手動建立 Mat 變數，最常用的建構子是透過以下的方式指定矩陣的大小與型別：

```
Mat a= Mat(Size(5,5), CV_32F);
```

 開發人員也可以把新的矩陣連結到由第三方函式庫儲存的緩衝區（buffer），不需要複製任何資料，其使用的建構子是：
```
Mat(size, type, pointer_to_buffer);
```

Mat 儲存的型別依據想要儲存的數字型別以及數值的通道數而定，常見的型別有：

```
CV_8UC1
CV_8UC3
CV_8UC4
CV_32FC1
```

```
CV_32FC3
CV_32FC4
```

 可以使用 CV_number_typeC(n) 的型式建立任何型別的矩陣，其中 number_type 可以從 8U（8 bit unsigned）到 64F（64 float），而 (n) 是通道數；可用的通道數介於 1 到 CV_CN_MAX。

初始過程不會設定任何資料值，直接使用可能會取得任何的數值。為了避免取到錯誤的數值，可以透過 zeros 或 ones 將矩陣初始為全零值或全為一：

```
Mat mz= Mat::zeros(5,5, CV_32F);
Mat mo= Mat::ones(5,5, CV_32F);
```

以上兩個命令會輸出如下的矩陣：

$$
\begin{bmatrix}
0,0,0,0,0; \\
0,0,0,0,0; \\
0,0,0,0,0; \\
0,0,0,0,0; \\
0,0,0,0,0
\end{bmatrix}
\quad
\begin{bmatrix}
1,1,1,1,1; \\
1,1,1,1,1; \\
1,1,1,1,1; \\
1,1,1,1,1; \\
1,1,1,1,1
\end{bmatrix}
$$

eye 函式是個特殊的矩陣初始函式，會建立指定型別（CV_8UC1、CV_8UC3）與大小的單位矩陣（identity matrix）：

```
Mat m= Mat::eye(5,5, CV_32F);
```

輸出結果如下：

$$
\begin{bmatrix}
1,0,0,0,0; \\
0,1,0,0,0; \\
0,0,1,0,0; \\
0,0,0,1,0; \\
0,0,0,0,1
\end{bmatrix}
$$

OpenCV 的 Mat 類別允許所有的矩陣運算，可以使用 + 與 – 運算子將兩個矩陣相加或加減，如以下程式所示：

```
Mat a= Mat::eye(Size(3,2), CV_32F);
Mat b= Math::ones(Size(3,2), CV_32F);
Mat c= a+b;
Mat d= a-b;
```

以上運算的結果如下：

$$\begin{matrix} [1, 0, 0; \\ 0, 1, 0] \end{matrix} + \begin{matrix} [1, 1, 1; \\ 1, 1, 1] \end{matrix} = \begin{matrix} [2, 1, 1; \\ 1, 2, 1] \end{matrix}$$

$$\begin{matrix} [1, 0, 0; \\ 0, 1, 0] \end{matrix} - \begin{matrix} [1, 1, 1; \\ 1, 1, 1] \end{matrix} = \begin{matrix} [0, -1, -1; \\ -1, 0, -1] \end{matrix}$$

也可以使用 * 運算子將矩陣乘上常量，用 mul 函式將兩個矩陣逐個元素相乘，或使用
* 運算子相乘兩個矩陣：

```
Mat m1= Mat::eye(2,3, CV_32F);
Mat m2= Mat::ones(3,2, CV_32F);
// 常量乘矩陣
cout << "nm1.*2n" << m1*2 << endl;
// 矩陣逐個元素相乘
cout << "n(m1+2).*(m1+3)n" << (m1+2).mul(m1+3) << endl;
//矩陣相乘
cout << "nm1*m2n" << m1*m2 << endl;
```

以上運算的結果如下：

$$\begin{matrix} [1, 0, 0; \\ 0, 1, 0] \end{matrix} * 2 = \begin{matrix} [2, 0, 0; \\ 0, 2, 0] \end{matrix}$$

$$\begin{matrix} [2, 1, 1; \\ 1, 2, 1] \end{matrix} * \begin{matrix} [4, 3, 3; \\ 3, 4, 3] \end{matrix} = \begin{matrix} [8, 3, 3; \\ 3, 8, 3] \end{matrix}$$

$$\begin{matrix} [1, 0, 0; \\ 0, 1, 0] \end{matrix} * \begin{matrix} [1, 1; \\ 1, 1; \\ 1, 1] \end{matrix} = \begin{matrix} [1, 1; \\ 1, 1] \end{matrix}$$

轉置（**transposition**）與**反矩陣**（**matrix inversion**）這兩個常見的數學矩陣運算，則
分別透過 t() 與 inv() 函式定義。其他 OpenCV 的有趣函式是在矩陣提供陣列的運
算，如計算非零元素，這在計算像素或物件區域時十分有用：

```
int countNonZero(src);
```

OpenCV 也提供統計相關的函式，可以使用 meanStdDev 函式計算通道的平均值
（**mean**）與標準差（**standard deviation**）：

```
meanStdDev(src, mean, stddev);
```

另一個統計函式是找出矩陣或陣列中的最小與最大值，傳回其位置與數值的
minMaxLoc：

```
minMaxLoc(src, minVal, maxVal, minLoc, maxLoc);
```

其中 src 是輸入的矩陣，minVal 與 maxVal 是找到的 double 數值，而 minLoc 與 maxLoc 則是找到的數值的 Point。

 其他核心模組的函式可以在以下網址找到更詳細的說明：
http://docs.opencv.org/modules/core/doc/core.html

基本資料存續與儲存

本章最後前要介紹 OpenCV 提供的資料儲存與讀取函式，對於校正（calibration）或機器學習等許多的應用程式，完成計算之後得儲存計算結果供下次執行之用，因此，OpenCV 提供了 XML ／ YAML 格式的存續層（persistence layer）。

寫入檔案儲存

開發人員可以透過 FileStorage 類別以及串流運算子，使用與 STL 串流相同的方式，透過 << 運算子將 OpenCV 或其他的數值資料寫入檔案：

```
#include "opencv2/opencv.hpp"
using namespace cv;

int main(int, char** argv)
{
    // 建立 writer
    FileStorage fs("test.yml", FileStorage::WRITE);
    //存為 int
    int fps= 5;
    fs << "fps" << fps;
    // 建立 mat 範例
    Mat m1= Mat::eye(2,3, CV_32F);
    Mat m2= Mat::ones(3,2, CV_32F);
    Mat result= (m1+1).mul(m1+3);
    // 輸出結果
    fs << "Result" << result;
    // 釋放檔案
    fs.release();

    FileStorage fs2("test.yml", FileStorage::READ);

    Mat r;
    fs2["Result"] >> r;
```

```
std::cout << r << std::endl;

fs2.release();

return 0;
}
```

只需要呼叫建構子，指定想要儲存的檔案名稱與路徑，在檔案名稱中指定想要使用的附檔名（XML 或 YAML），以及 WRITE 作為第二個參數，就能夠建立可以儲存資料的檔案儲存：

```
FileStorage fs("test.yml", FileStorage::WRITE);
```

想要儲存資料的時候，只需要透過串流運算子，將想要儲存的矩陣或數字送入先前建立的 FileStorage 即可，例如透過以下的程式即可以儲存 int：

```
int fps= 5;
fs << "fps" << fps;
```

儲存 Mat 的方式是：

```
Mat m1= Mat::eye(2,3, CV_32F);
Mat m2= Mat::ones(3,2, CV_32F);
Mat result= (m1+1).mul(m1+3);
// 寫出結果
fs << "Result" << result;
```

上述程式執行後會產生一個 YAML 格式的檔案，內容如下：

```
%YAML:1.0

---
fps: 5
Result: !!opencv-matrix
   rows: 2
   cols: 3
   dt: f
   data: [ 8., 3., 3., 3., 8., 3. ]
```

讀取先前儲存檔案的方式與 save 函式類似：

```
#include "opencv2/opencv.hpp"
using namespace cv;

int main(int, char** argv)
{
   FileStorage fs2("test.yml", FileStorage::READ);
```

```
    Mat r;
    fs2["Result"] >> r;
    std::cout << r << std::endl;

    fs2.release();

    return 0;
}
```

首先要指定適當的檔名與 FileStorage::READ 參數，利用 FileStorage 建構子開啟先前儲存的檔案：

```
    FileStorage fs2("test.yml", FileStorage::READ);
```

讀取變數的時候，只需要使用一般的 >> 串流運算子，搭配 FileStorage 物件以及 [] 運算子指定想要讀取的變數即可：

```
    Mat r;
    fs2["Result"] >> r;
```

小結

本章介紹了 OpenCV 最基本與最重要的型別與操作，包含了存取影像與影片，也介紹儲存矩陣的方法；同時也說明了基本矩陣運算以及 OpenCV 用來儲存像素、向量等資訊的類別；最後還示範了將資料儲存到檔案，讓資料能夠被其他應用程式或後續執行使用。

下一章將要帶領各位讀者建立第一個應用程式，學習 OpenCV 提供的使用者介面。內容包含建立按鈕與滑桿，並介紹影像處理的基礎。

3

圖形使用者介面與基本濾鏡

第 2 章「*OpenCV 基礎介紹*」介紹了 OpenCV 的基本類別與結構，其中最重要的類別就是 Mat。我們介紹影像、影片的讀取與寫入，也說明影像在記憶體的內部結構。有了這些知識之後就可以開始動手寫程式，但在大多數情況下，還需要透過基本的使用者介面呈現影像結果與提供基本的互動。OpenCV 提供一些基本的使用者介面函式，能幫助開發人員建立應用程式或原型。為了更深入的認識介面的運作方式，本章會建立一個小型的應用程式 **PhotoTool**，讓讀者透過這個應用程式，學會濾鏡的使用與色彩轉換。

本章內容涵蓋以下的主題：

- 基本 OpenCV 使用者介面
- OpenCV Qt 介面
- 滑桿（slider）與按鈕
- 進階使用者介面 － OpenGL
- 色彩轉換（color conversion）
- 基本濾鏡（filter）

技術要求

讀者需要熟悉基本的 C++ 程式語言，本章的所有程式碼都可以從以下的 GitHub 網址取得：https://github.com/PacktPublishing/Learn-OpenCV-4-By-Building-Projects-Second-Edition/tree/master/Chapter_03。程式碼應該可以在所有的作業系統執行，但筆者只有在 Ubuntu 上測試。

讀者可以在以下網址的影片中看到程式實際執行的效果：
http://bit.ly/2KH2QXD

OpenCV 使用者介面簡介

OpenCV 本身提供了跨作業系統的使用者介面，開發人員不需要學習複雜的使用者介面函式就能夠建立應用程式。OpenCV 的使用者介面非常基本，但提供了電腦視覺開發人員建立與管理軟體開發的基本功能，這些都是原生的介面，並針對即時（real-time）使用作最佳化。

OpenCV 的使用者介面有兩種選擇：

- 以原生使用者介面為基礎的基本介面，如 Mac OS X 的 Cocoa 或 Carbon，Linux 平台的 GTK 或 Windows 使用者介面，這是編譯 OpenCV 時的預設選項。

- 以跨平台的 Qt 函式庫為基礎，稍稍進階的使用者介面，開發人員必須在編譯 OpenCV 之前手動啟用 CMake 的 Qt 選項。

以下的截圖中，左側呈現的是基本使用者介面視窗，右側呈現的是 Qt 使用者介面。

OpenCV 基本圖形使用者介面

接下來要用 OpenCV 建立基本的使用者介面，OpenCV 使用者介面能夠建立視窗、加入影像、移動視窗、調整視窗大小以及清除視窗。使用者視窗屬於 OpenCV 的 highgui 模組，接下來要學著建立並顯示兩個視窗，當使用者按下按鍵後，在桌面顯示多個呈現影像內容的視窗：

```cpp
#include <iostream>
#include <string>
#include <sstream>
using namespace std;

// 引入 OpenCV
#include <opencv2/core.hpp>
#include <opencv2/highgui.hpp>
using namespace cv;

int main(int argc, const char** argv)
{
    // 讀取影像
    Mat lena= imread("../lena.jpg");
    # Checking if Lena image has been loaded
    if (!lena.data) {
  cout << "Lena image missing!" << enld;
  return -1;
    }
    Mat photo= imread("../photo.jpg");
    # Checking if Lena image has been loaded
    if (!photo.data) {
  cout << "Lena image missing!" << enld;
  return -1;
}
    // 建立視窗
    namedWindow("Lena", WINDOW_NORMAL);
    namedWindow("Photo", WINDOW_AUTOSIZE);

    // 移動視窗
    moveWindow("Lena", 10, 10);
    moveWindow("Photo", 520, 10);
    // 顯示影像
    imshow("Lena", lena);
    imshow("Photo", photo);

    // 調整視窗大小，只適用於沒有設定 autosize 的視窗
```

```
    resizeWindow("Lena", 512, 512);

    // 等待按下任何按鍵
    waitKey(0);

    // 清除視窗
    destroyWindow("Lena");
    destroyWindow("Photo");

    // 建立 10 個視窗
    for(int i =0; i< 10; i++)
    {
        ostringstream ss;
        ss << "Photo" << i;
        namedWindow(ss.str());
        moveWindow(ss.str(), 20*i, 20*i);
        imshow(ss.str(), photo);
    }

    waitKey(0);
    // 清除所有視窗
    destroyAllWindows();
    return 0;
}
```

接下來說明程式內容：

1. 使用圖形使用者介面之前，首先要做的是引進 OpenCV 的 highgui 模組：

```
#include <opencv2/highgui.hpp>
```

2. 接著是建立新視窗之前的準備，需要載入顯示用的影像：

```
// 讀取影像
Mat lena= imread("../lena.jpg");
Mat photo= imread("../photo.jpg");
```

3. 建立視窗的函式是 namedWindow，這個函式需要兩個參數：第一個參數是代表視窗名稱的常數字串；第二個參數是開發人員需要的旗標，這是個選用（optional）參數：

```
namedWindow("Lena", WINDOW_NORMAL);
namedWindow("Photo", WINDOW_AUTOSIZE);
```

4. 本節的例子建立了兩個視窗：第一個視窗稱為 Lena，第二個視窗是 Photo。
   預設有三個旗標可供 Qt 與原生介面使用：

   - WINDOW_NORMAL：這個旗標允許使用者調整視窗大小。

   - WINDOW_AUTOSIZE：設定這個旗標時會依據顯示的影像自動調整視窗大小，使用者無法改變視窗大小。

   - WINDOW_OPENGL：這個旗標會啟用 OpenGL 的支援。

   Qt 提供的額外旗標，說明如下：

   - WINDOW_FREERATIO 或 WINDOW_KEEPRATIO：要是設定 WINDOW_FREERATIO，那調整影像時不會考慮它的長寬比；要是設為 WINDOW_KEEPRATIO，則調整影像大小時會維持影像的長寬比。

   - WINDOW_GUI_NORMAL 或 WINDOW_GUI_EXPANDED：前者會啟用沒有狀態列與工具列的基本介面，後者會啟用包含狀態列與工具列，最進階的圖形使用者介面。

   如果編譯 OpenCV 時啟用了 Qt，則所有建立的視窗預設都會採用擴充介面，但也可以透過加入 CV_GUI_NORMAL 旗標指定使用原生的基本介面。預設的旗標值是 WINDOW_AUTOSIZE、WINDOW_KEEPRATIO 以及 WINDOW_GUI_EXPANDED。

5. 程式建立多個視窗時，視窗會彼此重疊，這時可以透過 moveWindow 函式將視窗移到桌面上的任何位置：

   ```
   // 移動視窗
   moveWindow("Lena", 10, 10);
   moveWindow("Photo", 520, 10);
   ```

6. 範例程式中將 Lena 視窗移到左方 10 像素，上方 10 像素的位置，Photo 視窗則移到向左 520 像素，向上 10 像素的位置：

   ```
   // 顯示影像
   imshow("Lena", lena);
   imshow("Photo", photo);
   // 調整視窗大小，只適用於沒有設定 autosize 的視窗
   resizeWindow("Lena", 512, 512);
   ```

7. 用 imshow 函式顯示先前載入的影像之後，接著呼叫 resizeWindow 函式，將 Lena 視窗調整為長寬皆為 512 像素。這個函式需要三個參數：window name、width 以及 height。

 指定大小是指顯示影像的區域，並不包含工具列區域，只有未設定 WINDOW_AUTOSIZE 的視窗可以調整大小。

8. 透過 waitKey 函式等待使用者按下按鍵之後，程式使用 destroyWindow 移除／清除先前建立的視窗，函式只需要指定視窗的名稱：

```
waitKey(0);

// 清除視窗
destroyWindow("Lena");
destroyWindow("Photo");
```

9. OpenCV 提供了另一個 destroyAllWindows 函式，只需要呼叫一次就會清除所有程式建立的視窗。為了示範這個函式的功能，範例程式裡建立 10 個視窗後等待使用者按鍵，一旦使用者按下任何按鍵，程式就清除所有的視窗：

```
// 建立 10 個視窗
for(int i =0; i< 10; i++)
{
    ostringstream ss;
    ss << "Photo" << i;
    namedWindow(ss.str());
    moveWindow(ss.str(), 20*i, 20*i);
    imshow(ss.str(), photo);
}

waitKey(0);
// 清除所有視窗
destroyAllWindows();
```

無論如何，OpenCV 會在程式結束時自動清除所有的視窗，也就是並不需要在程式的最後呼叫這些函式。

先前的程式執行時會依序看到以下的影像，首先是呈現兩個顯示影像的視窗：

按下任何按鍵後,程式會繼續執行,建立多個視窗並將視窗移到不同的位置:

只需要幾行簡單的程式碼,就能夠建立與操作視窗,在畫面上顯示影像。接下來就能夠處理使用者與影像的互動,在使用者介面加入控制元。

為介面加上滑桿與滑鼠事件

滑鼠事件與滑桿（slider）控制元在電腦視覺與 OpenCV 中十分實用，使用者能夠透過這些控制元件直接與介面互動，改變輸入影像的屬性或變數。本節會加入滑桿與滑鼠事件處理基本互動，為了正確了解這兩個元件，會藉由以下的程式碼，透過滑鼠事件在影像中畫上綠色的圓圈，並透過滑桿調整影像的模糊（blur）程度。

```
// 建立變數儲存所在位置的數值
int blurAmount=15;

// Trackbar 的回呼函式
static void onChange(int pos, void* userInput);

// 滑鼠回呼函式
static void onMouse(int event, int x, int y, int, void* userInput);

int main(int argc, const char** argv)
{
    // 讀取影像
    Mat lena= imread("../lena.jpg");
    // 建立視窗
    namedWindow("Lena");
    // 建立 trackbar
    createTrackbar("Lena", "Lena", &blurAmount, 30, onChange, &lena);
    setMouseCallback("Lena", onMouse, &lena);

    // 呼叫 onChange 初始化數值
    onChange(blurAmount, &lena);
    // 暫停程式等待按下任何按鍵
    waitKey(0);
    // 清除視窗
    destroyWindow("Lena");
    return 0;
}
```

接下來就詳細說明程式碼！

首先建立儲存滑桿位置的變數，程式需要儲存滑桿位置供其他函式存取：

```
// 建立變數儲存所在位置的數值
int blurAmount=15;
```

接著定義 OpenCV 處理滑桿與滑鼠事件需要的回呼函式 onChange 與 onMouse：

```
// Trackbar 的回呼函式
static void onChange(int pos, void* userInput);

// 滑鼠回呼函式
static void onMouse(int event, int x, int y, int, void* userInput);
```

在主函式載入影像，建立名為 Lena 的新視窗：

```
int main(int argc, const char** argv)
{
    // 讀取影像
    Mat lena= imread("../lena.jpg");
    // 建立視窗
    namedWindow("Lena");
```

接下來建立滑桿。OpenCV 提供的 createTrackbar 函式能夠產生滑桿，函式參數依序說明如下：

1. 滑桿名稱
2. 視窗名稱
3. 作為數值使用的整數指標；這個參數並非必要，要是設定了指標值，建立滑桿時會同時指定滑桿所在位置
4. 滑桿的最大值
5. 滑桿位置改變時呼叫的回呼函式
6. 會被送到呼叫函式的使用者資料，不需透過全域變數就能夠傳送資料給回呼函式：

這部份程式為 Lena 視窗加上了滑桿，同時呼叫 Lena 滑桿調整影像的模糊程度。滑桿值儲存在 blurAmount，並傳入變數的指標及設定滑桿最大值為 30，同時需要將 onChange 設定為回呼函式，並傳入 lena 矩陣影像作為使用者資料：

```
// 建立 trackbar
createTrackbar("Lena", "Lena", &blurAmount, 30, onChange, &lena);
```

建立了滑桿之後，程式另外加入滑鼠事件，會在使用者按下滑鼠左鍵時畫出一個圓圈。OpenCV 提供的 setMouseCallback 函式需要三個參數，依序說明如下：

- 取得滑鼠事件的視窗名稱

- 發生滑鼠互動時呼叫的回呼函式

- **使用者資料**：事件觸發時會呼叫回呼函式一併傳送的任何資料，範例中透過這個參數傳送整個 Lena 影像。

以下的程式碼，可以為 Lena 視窗加上滑鼠回呼函式，將 onMouse 設定為回呼函式，傳入 lena 矩陣影像作為使用者資料：

```
setMouseCallback("Lena", onMouse, &lena);
```

在 main 函式的最後，還需要將影像狀態設定為與滑桿的數值一致。這個動作只需要額外呼叫一次回呼函式，接著就只需要等待關閉視窗的事件，在終止程式前呼叫 destroyWindow，如以下程式碼所示：

```
// 呼叫 onChange 初始化數值
onChange(blurAmount, &lena);
// 暫停程式等待按下任何按鍵
waitKey(0);
// 清除視窗
destroyWindow("Lena");
```

滑桿回呼函式會以滑桿的數值作為模糊的量，對顯示的影像套用基本模糊濾鏡：

```
// Trackbar 回呼函式
static void onChange(int pos, void* userInput){
    if(pos <= 0)return;
    // 結果的輔助變數
    Mat imgBlur;
    // 取得輸入影像指標
    Mat* img= (Mat*)userInput;
    // 套用模糊濾鏡
    blur(*img, imgBlur, Size(pos, pos));
    // 顯示結果
    imshow("Lena", imgBlur);
}
```

這個函式會透過 pos 變數檢查滑桿數值是否為 0，數值為 0 時就不對影像套用濾鏡，數值為 0 時會無法正確的執行，也沒辦法對影像作 0 像素的模糊化。滑桿數值檢查完畢之後，程式會建立一個空矩陣 imgBlur，儲存模糊化後的結果。為了取得透過使用者資料傳入回呼函式的影像，程式必須將 void* userData 轉換為正確的 Mat* 指標型別。

現在，有了套用模糊濾鏡需要的變數，blur 函式會對輸入的影像套用基本的中值濾鏡（median filter）（範例中的輸入影像就是 *img）；產生一個輸出影像，最後一個參數是想要使用的模糊核心（blur kernel）大小（kernel 是指用來計算 kernel 與影像間摺積（convolution）平均值的小矩陣），範例中使用了 pos 邊長的正方形。最後，只剩下透過 imshow 函式更新影像介面的結果。

滑鼠事件的回呼函式有五個輸入參數：第一個參數定義了事件型別，第二與第三個參數定義了滑鼠的位置，第四個參數定義了滾輪的移動，而第五個參數則是使用者輸入的資料。

可用的滑鼠事件如下表所述：

事件類型	說明
EVENT_MOUSEMOVE	使用者移動滑鼠
EVENT_LBUTTONDOWN	使用者按下滑鼠左鍵
EVENT_RBUTTONDOWN	使用者按下滑鼠右鍵
EVENT_MBUTTONDOWN	使用者按下滑鼠中鍵
EVENT_LBUTTONUP	使用者放開滑鼠左鍵
EVENT_RBUTTONUP	使用者放開滑鼠右鍵
EVENT_MBUTTONUP	使用者放開滑鼠中間
EVENT_LBUTTONDBLCLK	使用者雙擊滑鼠左鍵
EVENT_RBUTTONDBLCLK	使用者雙擊滑鼠右鍵
EVENT_MBUTTONDBLCLK	使用者雙擊滑鼠中鍵
EVENT_MOUSEWHEEL	使用者透過滾輪做垂直滾動
EVENT_MOUSEHWHEEL	使用者透過滾輪做水平滾動

本節的範例只需要處理按下滑鼠左鍵的事件，忽略其他不是 EVENT_LBUTTONDOWN 的事件。接著使用與滑桿回呼函式相同的方式取得輸入影像，再透過 OpenCV 函式在影像上畫個圓圈：

```
// 滑鼠回呼函式
static void onMouse(int event, int x, int y, int, void* userInput)
{
    if(event != EVENT_LBUTTONDOWN)
        return;

    // 取得輸入影像指標
    Mat* img= (Mat*)userInput;

    // 畫圓
    circle(*img, Point(x, y), 10, Scalar(0,255,0), 3);

    // 呼叫 onChange 取得模糊後影像
    onChange(blurAmount, img);

}
```

使用 Qt 的圖形使用者介面

Qt 使用者介面提供開發人員處理影像時有更多的控制項與選擇。

使用者介面可以分為三個主要的區域：

- 工具列（Toolbar）
- 影像區域（Image area）
- 狀態列（Status bar）

讀者可以從下圖看到這些區域，圖片上方是工具列，圖片本身的位置是主要區域，而狀態列則放在圖片的底端。

工具列從左至右包含以下按鈕：

- 四個移動鍵
- 縮放到一倍
- 縮放到 30 倍並顯示標題
- 放大
- 縮小
- 儲存目前影像
- 顯示視窗屬性（properties）

以下截圖可以更清楚的呈現工具列上的按鈕：

影像區域（image area）顯示影像並提供右鍵選單（contextual menu），右鍵選單會於使用者在影像區域按下滑鼠右鍵時顯現，開發人員可以透過 displayOverlay 函式在這個區域顯示浮現訊息（overlay message）。這個函式接受三個參數：視窗名稱、顯示的文字內容以及以毫秒為單位的訊息顯示時間。如果將訊息顯示時間設為 0，訊息就不會消失：

```
// 顯示浮現訊息
displayOverlay("Lena", "Overlay 5secs", 5000);
```

上述程式碼能產生如下圖的效果，可以看到在圖片上方的小黑框中呈現出「**Overlay 5secs**」的文字。

最後是顯示在視窗底端的狀態列，內容顯示了像素值以及該位置在影像中的坐標值：

開發人員可以利用狀態列顯示訊息，如同浮現訊息一般，displayStatusBar 函式可以改變狀態列顯示的訊息。使用的參數與 displayOverlay 相同：視窗名稱、顯示的文字內容以及顯示時間的長度：

在使用者介面加上按鈕

上一節介紹建立一般介面與 Qt 介面，以及透過滑鼠與滑桿與使用者互動的方式，除了這些之外，開發人員也可以建立其他的按鈕（button）。

 只有 Qt 視窗能使用按鈕。

OpenCV Qt 支援了以下三種類型的按鈕：

- push 按鈕
- checkbox
- radiobox

按鈕只會出現在控制面板，每個程式會有獨立的控制面板，開發人員可以自由加上按鈕與追蹤進度條。要顯示控制面板，使用者可以按下工具列最後一個按鈕、在 Qt 視窗的任何地方按下滑鼠右鍵，選擇 **Display properties** 視窗或是利用 *Ctrl + P* 快速鍵。接下來是建立按鈕的簡單範例，程式碼很多，會先說明 main 函式之後再分別說明各個回呼函式，以利讀者了解：

```
Mat img;
bool applyGray=false;
bool applyBlur=false;
bool applySobel=false;
...
int main(int argc, const char** argv)
{
    // 讀取影像
    img= imread("../lena.jpg");
    // 建立視窗
    namedWindow("Lena");
    // 建立按鈕
    createButton("Blur",blurCallback,NULL,Qt_CHECKBOX, 0);

    createButton("Gray",grayCallback, NULL,Qt_RADIOBOX, 0);
    createButton("RGB",bgrCallback, NULL,Qt_RADIOBOX, 1);

    createButton("Sobel", sobelCallback, NULL, Qt_PUSH_BUTTON, 0);
    // 暫停程式等待按下按鍵
    waitKey(0);
    // 清除視窗
    destroyWindow("Lena");
    return 0;
}
```

範例會使用三種濾鏡：模糊濾鏡、sobel 濾鏡以及將色彩轉換成灰階的濾鏡，使用者可以透過程式所建立的按鈕，自由選擇是否要使用對應的濾鏡；首先，為了取得每個濾鏡的狀態，程式宣告了三個全域的布林變數：

```
bool applyGray=false;
bool applyBlur=false;
bool applySobel=false;
```

main 函式先載入影像與建立視窗，再透過 createButton 函式建立各個的按鈕。

OpenCV 定義了三種類型的按鈕：

- Qt_CHECKBOX
- Qt_RADIOBOX
- Qt_PUSH_BUTTON

每個按鈕都有五個參數，依序說明如下：

1. 按鈕名稱
2. 回呼函式
3. 指向使用者變數資料的指標，會傳給回呼函式
4. 按鈕類型
5. checkbox 與 radiobox 的預設初始化狀態

接著是建立 blur checkbox、兩個供色彩轉換的 radio button，以及一個對應到 sobel 濾鏡的 push button：

```
// 建立按鈕
createButton("Blur",blurCallback,NULL,Qt_CHECKBOX, 0);

createButton("Gray",grayCallback,NULL,Qt_RADIOBOX, 0);
createButton("RGB",bgrCallback,NULL,Qt_RADIOBOX, 1);

createButton("Sobel",sobelCallback,NULL,Qt_PUSH_BUTTON, 0);
```

這是主函式中最重要的部份，接下來要介紹回呼函式，每個回呼函式會改變對應的狀態變數，接著再呼叫另一個 applyFilters 函式對輸入影像套用啟用的濾鏡：

```
void grayCallback(int state, void* userData)
{
    applyGray= true;
    applyFilters();
```

```
}
void bgrCallback(int state, void* userData)
{
    applyGray= false;
    applyFilters();
}

void blurCallback(int state, void* userData)
{
    applyBlur= (bool)state;
    applyFilters();
}

void sobelCallback(int state, void* userData)
{
    applySobel= !applySobel;
    applyFilters();
}
```

applyFilters 函式會檢查每個濾鏡對應的狀態變數：

```
void applyFilters(){
    Mat result;
    img.copyTo(result);
    if(applyGray){
        cvtColor(result, result, COLOR_BGR2GRAY);
    }
    if(applyBlur){
        blur(result, result, Size(5,5));
    }
    if(applySobel){
        Sobel(result, result, CV_8U, 1, 1);
    }
    imshow("Lena", result);
}
```

要將彩色改變為灰階，程式使用了需要三個參數的 cvtColor 函式：輸入影像、輸出影像以及色彩轉換類型。

以下是最常用的色彩空間（color space）轉換：

- RGB 或 BGR 到灰階（COLOR_RGB2GRY、COLOR_BGR2GRAY）
- RGB 或 BGR 到 YcrCb（或 YCC）（COLOR_RGB2YCrCb、COLOR_BGR2YCrCb）
- RGB 或 BGR 到 HSV（COLOR_RGB2HSV、COLOR_BGR2HSV）
- RGB 或 BGR 到 Luv（COLOR_RGB2Luv、COLOR_BGR2Luv）
- 灰階到 RGB 或 BGR（COLOR_GRAY2RGB、COLOR_GRAY2BGR）

可以看到這些轉換編碼很好記。

請記住 OpenCV 預設是以 BGR 格式運作，轉換到灰階時，色彩轉換對 RGB 與 BGR 的運作方式不同，某些開發人員認為灰階等同於 $(R+G+B)/3$，但最適當的灰階值是所謂的**亮度**（**luminosity**），對應的公式是 $0.21*R+0.72*G+0.07*B$。

模糊濾鏡的運作與前一節的說明相同，最後則是在 applySobel 變數為 true 時套用 sobel 濾鏡。sobel 濾鏡是使用 sobel 運算子（sobel operator）產生的影像導數（image derivative），通常用在偵測邊界。OpenCV 能讓開發人員以不同的 kernel 大小產生導數，最常用的是用來計算 x 導數與 y 導數的 3×3 kernel。

最重要的 sobel 參數如下：

- 輸入影像
- 輸出影像
- 影出影像深度（CV_8U、CV_16U、CV_32F、CV_64F）
- x 導數的階數（order）
- y 導數的階數
- kernel 大小（預設值是 3）

要產生 3×3 kernel 與第一階的 x 導數，必須使用以下的參數：

```
Sobel(input, output, CV_8U, 1, 0);
```

以下參數則會產生 y 的一階導數：

```
Sobel(input, output, CV_8U, 0, 1);
```

範例當中同時使用 x 與 y 的導數覆寫輸入影像。以下程式碼示範了同時產生 x 與 y 導數的作法，也就是第四與第五個參數都指定為 1：

```
Sobel(result, result, CV_8U, 1, 1);
```

下圖是 **Lena** 圖片同時套用 *x* 與 *y* 導數的結果：

OpenGL 支援

OpenCV 包含了 OpenGL 的支援，OpenGL 是個幾乎所有圖形介面卡都提供支援的標準圖形函式庫，能讓開發人員從複雜的三維場景畫出二維影像。由於呈現三維空間對某些工作非常的重要，因此 OpenCV 納入了 OpenGL 的支援。要讓視窗能夠使用 OpenGL，呼叫 namedWindow 建立視窗時，必須要指定 WINDOW_OPENGL 旗標。

以下程式碼建立一個支援 OpenGL 的視窗，再將網路相機抓取到的畫格旋轉後呈現在
視窗當中：

```cpp
Mat frame;
GLfloat angle= 0.0;
GLuint texture;
VideoCapture camera;

int loadTexture() {

    if (frame.data==NULL) return -1;

    glBindTexture(GL_TEXTURE_2D, texture);
    glTexParameteri(GL_TEXTURE_2D, GL_TEXTURE_MAG_FILTER, GL_LINEAR);
    glTexParameteri(GL_TEXTURE_2D, GL_TEXTURE_MIN_FILTER, GL_LINEAR);
    glPixelStorei(GL_UNPACK_ALIGNMENT, 1);

    glTexImage2D(GL_TEXTURE_2D, 0, GL_RGB, frame.cols, frame.rows, 0, GL_
BGR, GL_UNSIGNED_BYTE, frame.data);
    return 0;
}

void on_opengl(void* param)
{
    glLoadIdentity();
    // 載入畫格紋理
    glBindTexture(GL_TEXTURE_2D, texture);
    // 描繪前旋轉平面
    glRotatef(angle, 1.0f, 1.0f, 1.0f);
    // 建立平面，設定紋理坐標
    glBegin (GL_QUADS);
        // 第一點坐標與紋理
    glTexCoord2d(0.0,0.0);
    glVertex2d(-1.0,-1.0);
        // 第二點坐標與紋理
    glTexCoord2d(1.0,0.0);
    glVertex2d(+1.0,-1.0);
        // 第三點坐標與紋理
    glTexCoord2d(1.0,1.0);
    glVertex2d(+1.0,+1.0);
        // 最後一點坐標與紋理
    glTexCoord2d(0.0,1.0);
    glVertex2d(-1.0,+1.0);
    glEnd();
}
```

```
int main(int argc, const char** argv)
{
    // 打開 WebCam
    camera.open(0);
    if(!camera.isOpened())
        return -1;

    // 建立新視窗
    namedWindow("OpenGL Camera", WINDOW_OPENGL);
    // 啟用紋理
    glEnable( GL_TEXTURE_2D );
    glGenTextures(1, &texture);
    setOpenGlDrawCallback("OpenGL Camera", on_opengl);
    while(waitKey(30)!='q'){
        camera >> frame;
        // 建立第一個紋理
        loadTexture();
        updateWindow("OpenGL Camera");
        angle =angle+4;
    }
    // 清除視窗
    destroyWindow("OpenGL Camera");
    return 0;
}
```

接下來詳細說明程式碼！

首先建立必要的全域變數，儲存捕捉到的影像、畫格、控制演算法動畫的平面角度，以及 OpenGL 的材質（texture）：

```
Mat frame;
GLfloat angle= 0.0;
GLuint texture;
VideoCapture camera;
```

主函式建立了相機抓取影像，取得相機的畫格：

```
camera.open(0);
    if(!camera.isOpened())
        return -1;
```

確定能夠正確的啟用相機之後，接著就是使用 WINDOW_OPENGL 旗標建立具有 OpenGL 能力的視窗：

```
// 建立新視窗
namedWindow("OpenGL Camera", WINDOW_OPENGL);
```

範例程式希望能夠將 webcam 抓取到的畫格呈現在平面（plane）上，所以接下來要做的就是啟用 OpenGL 的材質：

```
// 啟用紋理
glEnable(GL_TEXTURE_2D);
```

如此就完成在視窗中使用 OpenGL 描繪的準備工作，但與典型的 OpenGL 應用程式一樣，程式還需要設定 OpenGL 描繪用的回呼函式（draw callback）。OpenCV 提供的 setOpenGlDrawCallback 需要兩個參數：視窗名稱以及回呼函式：

```
setOpenGlDrawCallback("OpenGL Camera", on_opengl);
```

定義完 OpenCV 視窗與回呼函式庫後，接著需要建立迴圈，持續的載入材質並呼叫 OpenGL 繪製回呼更新視窗內容，最後還要更新角度位置。範例程式透過以下的方式使用 OpenCV 函式，傳入視窗名稱作為參數更新視窗內容：

```
while(waitKey(30)!='q'){
        camera >> frame;
        // 建立第一個紋理
        loadTexture();
        updateWindow("OpenGL Camera");
        angle =angle+4;
    }
```

當使用者按下 Q 鍵時會離開迴圈。編譯專案之前，還需要定義 loadTexture 函式以及 on_opengl 回呼函式。loadTexture 函式將 Mat 畫格轉換為 OpenGL 的材質影像，供每次回呼繪製畫面時使用。將影像轉換為材質之前，程式先檢查 data 變數物件是否為空值，確保矩陣畫格中有需要的資料：

```
if (frame.data==NULL) return -1;
```

要是矩陣畫格有資料，就建立 OpenGL 材質，並將 OpenGL 材質參數設為線性內插（linear interpolation）：

```
glGenTextures(1,&texture);

glBindTexture(GL_TEXTURE_2D,texture);
    glTexParameteri(GL_TEXTURE_2D,GL_TEXTURE_MAG_FILTER,GL_LINEAR);
    glTexParameteri(GL_TEXTURE_2D,GL_TEXTURE_MIN_FILTER,GL_LINEAR);
```

接著透過 OpenGL 的 glTextImage2D 定義矩陣儲存像素以及產生像素的方式。請特別注意 OpenGL 使用 RGB 格式，而 OpenCV 預設是使用 BGR 格式，程式必須在這個函式裡作正確的設定：

```
glPixelStorei(GL_UNPACK_ALIGNMENT, 1);
glTexImage2D(GL_TEXTURE_2D, 0, GL_RGB, frame.cols, frame.rows,0, GL_BGR,
GL_UNSIGNED_BYTE, frame.data);
    return 0;
```

接下來需要完成的是主迴圈呼叫 updateWindow 時使用的回呼函式，透過回呼函式畫出需要的平面。範例使用了常見的 OpenGL 函式，先載入 OpenGL 單位矩陣重設之前的所有更動：

```
glLoadIdentity();
```

接著載入畫格材質到記憶體：

```
// 載入畫格紋理
glBindTexture(GL_TEXTURE_2D, texture);
```

繪製畫格之前，必須先轉換場景，對本範例而言，就是將平面對 (1,1,1) 軸作旋轉：

```
// 描繪前旋轉平面
glRotatef( angle, 1.0f, 1.0f, 1.0f );
```

這樣將場景設定正確，就能夠開始繪製了。首先要畫出四邊形，先從 glBegin (GL_QUADS) 開始：

```
// 建立平面，設定紋理坐標
glBegin (GL_QUADS);
```

繪製的平面以 (0,0) 點為中心，2 單位為邊長，接著還需要使用 glTextCoord2d 以及 glVertex2d 定義採用的材質坐標以及端點（vertex）位置：

```
// 第一點與坐標紋理
glTexCoord2d(0.0,0.0);
glVertex2d(-1.0,-1.0);
// 第二點與坐標紋理
glTexCoord2d(1.0,0.0);
glVertex2d(+1.0,-1.0);
// 第三點與坐標紋理
glTexCoord2d(1.0,1.0);
glVertex2d(+1.0,+1.0);
// 最後一點與坐標紋理
```

```
glTexCoord2d(0.0,1.0);
glVertex2d(-1.0,+1.0);
    glEnd();
```

 範例中 OpenGL 相關的程式碼就快被淘汰了，但是在了解 OpenCV 與 OpenGL 整合時，並不需要太複雜的 OpenGL 程式碼，如果讀者想要更了解現代的 OpenGL，請參考 *Packt* 出版社出版的《*Introduction to Modern OpenGL*》。

程式執行時可以看到如下的畫面：

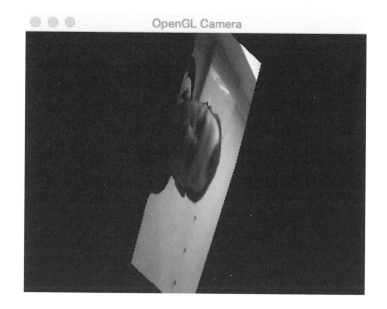

小結

本章學到建立不同類型使用者介面的方法，可以用來呈現影像或透過 OpenGL 建立三維介面。也學到了建立滑桿與按鈕以及描繪三維場景，同時也學到了原生 OpenCV 處理濾鏡的基礎知識。有許多新出現的開放源碼替代方案，能夠為介面添加更多的功能，例如 **cvui**（https://dovyski.github.io/cvui/）以及 **OpenCVGUI**（https://damiles.github.io/OpenCVGUI/）。

下一章會建構完整的照片工具應用程式，過程中會使用到目前所學到的一切知識。透過圖形使用者介面，接下來會學習對輸入影像套用多個濾鏡的方法。

4

深入色階直方圖與濾鏡

上一章介紹了 OpenCV 使用 Qt 或原生函式庫建立基本使用者介面，以及使用進階 OpenGL 使用者介面的方法，並說明基本的色彩轉換與濾鏡，也建立了第一個應用程式。本章將要介紹以下概念：

- 色階直方圖（histogram）與色階均化（histogram equalization）
- 查找表（look-up table）
- 模糊化與中值模糊（median blur）
- 坎尼濾鏡（Canny filter）
- 影像色彩均化（color equalization）
- 了解不同影像類型間的轉換

在學會 OpenCV 與使用者介面的基礎之後，接下來要建立第一個完整的應用程式。內容會包含以下主題：

- 產生 CMake 命令檔
- 建立圖形化使用者介面
- 計算與描繪色階分布圖
- 色階均化
- lomo 相機效果（lomography）
- 卡通化效果

這個應用程式能幫助讀者學會從無到有建立完整專案，了解色階分布的概念。讀者會看到均化彩色影像色階分布的方式，並透過結合不同的濾鏡產生各種不同的效果，以及使用查找表的方式。

技術要求

讀者需要熟悉基本的 C++ 程式語言，本章所有的程式碼都可以從以下的 GitHub 網址 取 得：https://github.com/PacktPublishing/Learn-OpenCV-4-By-Building-Projects-Second-Edition/tree/master/Chapter_04。程式碼應該可以在所有的作業系統執行，但筆者只有在 Ubuntu 上測試。

讀者可以在以下網址的影片中看到程式實際執行的效果：
http://bit.ly/2Sid17y

產生 CMake 命令檔

建立原始碼之前，要先產生用來編譯專案、產生可執行檔所需要的 CMakeLists.txt 檔案，以下的 CMake 命令稿是編譯與產生可執行檔的基本範例：

```
cmake_minimum_required (VERSION 3.0)

PROJECT(Chapter4_Phototool)

set (CMAKE_CXX_STANDARD 11)

# 需要 OpenCV
FIND_PACKAGE( OpenCV 4.0.0 REQUIRED )
MESSAGE("OpenCV version : ${OpenCV_VERSION}")

include_directories(${OpenCV_INCLUDE_DIRS})
link_directories(${OpenCV_LIB_DIR})

ADD_EXECUTABLE(${PROJECT_NAME} main.cpp)
TARGET_LINK_LIBRARIES(${PROJECT_NAME} ${OpenCV_LIBS})
```

第一行說明了產生專案所需的 **CMake** 最低版本，第二行設定了專案名稱，能夠在後續命令稿透過 ${PROJECT_NAME} 變數使用，第三行則設定了需要的 C++ 版本。本書範例需要使用 **C++11** 版本，如以下的程式碼片段：

```
cmake_minimum_required (VERSION 3.0)

PROJECT(Chapter4_Phototool)

set (CMAKE_CXX_STANDARD 11)
```

此外，專案需要 OpenCV 函式庫。首先必須找到函式庫，接著利用 MESSAGE 函式顯示 OpenCV 函式庫版本的訊息：

```
# 需要 OpenCV
FIND_PACKAGE( OpenCV 4.0.0 REQUIRED )
MESSAGE("OpenCV version : ${OpenCV_VERSION}")
```

要是有找到 4.0 版以上的函式庫，就將標頭檔與函式庫引入專案：

```
include_directories(${OpenCV_INCLUDE_DIRS})
link_directories(${OpenCV_LIB_DIR})
```

接著只需要加入需要編譯的原始檔與連結 OpenCV 函式庫，命令稿中使用專案名稱變數作為可執行檔名稱，而且只用了一個名為 main.cpp 的原始碼檔案 ：

```
ADD_EXECUTABLE(${PROJECT_NAME} main.cpp)
TARGET_LINK_LIBRARIES(${PROJECT_NAME} ${OpenCV_LIBS})
```

建立圖形使用者介面

開始介紹圖形處理演算法之前,先建立應用程式的主介面,本章使用的是能夠建立按鈕的 Qt 式使用者介面。本章的應用程式需要一個代表載入處理影像的輸入參數,使用者介面包含了以下四個按鈕:

- **顯示色階分布圖**

- **均化色階分布**

- **lomo 效果**

- **卡通化效果**

在下圖可以看到四種效果的截圖:

開始動手吧！首先引入必要的 **OpenCV** 標頭檔，定義 Mat 矩陣參數儲存輸入的影像，建立命令列參數剖析所需的常數字串，CommandLineParser 只在 **OpenCV 3.0** 版之後才提供，常數字串定義了兩個輸入參數：help 以及必要的影像輸入：

```
// 引用 OpenCV
#include "opencv2/core/utility.hpp"
#include "opencv2/imgproc.hpp"
#include "opencv2/highgui.hpp"
using namespace cv;
// OpenCV 命令列剖析函式
// 命令列剖析器可接受的指令
const char * keys =
{
    "{help h usage ? | | print this message}"
     "{@image | | Image to process}"
};
```

main 函式是由命令列剖析器變數開始，接著設定指令與列印輔助訊息。以下程式碼能夠設定執行檔的輔助訊息：

```
int main(int argc, const char** argv)
{
    CommandLineParser parser(argc, argv, keys);
    parser.about("Chapter 4. PhotoTool v1.0.0");
    // 如果要顯示 help
    if (parser.has("help"))
    {
        parser.printMessage();
        return 0;
    }
```

要是使用者不需要輔助訊息，程式就將影像檔的路徑儲存到 imgFile 字串變數，並利用 parser.check() 函式檢查是否所有必要的參數都有對應的數值：

```
String imgFile= parser.get<String>(0);

// 檢查參數是否正確剖析為變數
if (!parser.check())
{
    parser.printErrors();
    return 0;
}
```

現在就可以透過 imread 函式讀取影像檔，再透過 namedWindow 函式建立視窗，稍後會在視窗中顯示輸入的影像：

```
// 載入影像供後續處理
img= imread(imgFile);

// 建立視窗
namedWindow("Input");
```

載入影像並建立視窗之後，接下來需要建立按鈕並連結到對應的回呼（callback）函式，原始檔裡有每個回呼函式的定義，本章稍後會逐一介紹。程式用 createButton 函式搭配 Qt_PUSH_BUTTON 按鈕型式常數建立四個按鈕：

```
// 建立 UI 按鈕
createButton("Show histogram", showHistoCallback, NULL, Qt_PUSH_BUTTON, 0);
createButton("Equalize histogram", equalizeCallback, NULL, Qt_PUSH_BUTTON, 0);
createButton("Lomography effect", lomoCallback, NULL, Qt_PUSH_BUTTON, 0);
createButton("Cartonize effect", cartoonCallback, NULL, Qt_PUSH_BUTTON, 0);
```

在 main 函式的最後，程式會顯示輸入影像，等待使用者按下任意按鍵離開應用程式：

```
// 顯示影像
imshow("Input", img);

waitKey(0);
return 0;
```

接著，只需要定義每個回呼函式即可，也就是接下來的章節要做的事。

繪製色階分布

直方圖（histogram）是種表示變數分布狀況的統計圖表，能讓使用者了解資料的密度估計（density estimation）與機率分布（probability distribution）。建立直方圖的方式是將變數的整個值域切割成固定的區間，再計算每個區間內的數量。

把直方圖的概念用到影像上似乎複雜又難以理解，但實際上十分簡單，對於灰階影像，變數值可以採用從 0 到 255 的所有灰階值，密度則是影像中有該數值的像素個數。也就是必須要計算數值為 0 的像素個數、數值為 1 的像素個數，依此類推。

顯示輸入影像色階分布直方圖的回呼函式稱為 showHistoCallback，這個函式計算每個通道影像的直方圖，將每個通道的直方圖影像以新影像呈現。

接下來看看以下的程式碼：

```
void showHistoCallback(int state, void* userData)
{
    // 依 BRG 分離影像
    vector<Mat> bgr;
    split(img, bgr);

    // 建立 256 格位的直方圖
    // 可能的數值為 [0..255]
    int numbins= 256;

    // 設定 B、G、R 的範圍，不含最後格位
    float range[] = { 0, 256 } ;
    const float* histRange = { range };

    Mat b_hist, g_hist, r_hist;

    calcHist(&bgr[0], 1, 0, Mat(), b_hist, 1, &numbins, &histRange);
    calcHist(&bgr[1], 1, 0, Mat(), g_hist, 1, &numbins, &histRange);
    calcHist(&bgr[2], 1, 0, Mat(), r_hist, 1, &numbins, &histRange);

    // 描繪直方圖
    // 接著要繪製各通道的線段
    int width= 512;
    int height= 300;
    // 建立灰階影像
    Mat histImage(height, width, CV_8UC3, Scalar(20, 20, 20));

    // 將直方圖依影像高正規化
    normalize(b_hist, b_hist, 0, height, NORM_MINMAX);
    normalize(g_hist, g_hist, 0, height, NORM_MINMAX);
    normalize(r_hist, r_hist, 0, height, NORM_MINMAX);

    int binStep= cvRound((float)width/(float)numbins);
    for(int i=1; i< numbins; i++)
    {
```

```
        line( histImage,
                 Point(binStep*(i-1), height-cvRound(b_hist.at<float>(i-1)
)),
                 Point(binStep*(i), height-cvRound(b_hist.at<float>(i) )),
                 Scalar(255,0,0)
            );
        line( histImage,
                 Point(binStep*(i-1), height-cvRound(g_hist.
at<float>(i-1))),
                 Point(binStep*(i), height-cvRound(g_hist.at<float>(i))),
                 Scalar(0, 255, 0)
            );
        line( histImage,
                 Point(binStep*(i-1), height-cvRound(r_hist.
at<float>(i-1))),
                 Point(binStep*(i), height-cvRound(r_hist.at<float>(i))),
                 Scalar(0,0,255)
            );
    }

    imshow("Histogram", histImage);

}
```

接下來說明萃取個別通道的直方圖以及繪製的方式。首先需要建立三個矩陣分別代表輸入影像的三個色彩通道。程式使用 vector 型別變數儲存個別矩陣,透過 OpenCV 的 split 函式將輸入影像分離為三個通道:

```
// 依 BRG 分離影像
    vector<Mat> bgr;
    split(img, bgr);
```

接下來要定義直方圖的格位,範例中每個可能的像素值都有一個位置:

```
int numbins= 256;
```

然後需要定義範圍變數,以及三個用來儲存直方圖的矩陣:

```
// 設定 B、G、R 的範圍,不含最後格位
float range[] = {0, 256};
const float* histRange = {range};

Mat b_hist, g_hist, r_hist;
```

接著就可以使用 OpenCV 提供的 `calcHist` 函式計算直方圖。這個函式需要多個參數，依序說明如下：

- **輸入影像**：以本章的範例來說，使用的是存放在 `bgr` 向量裡的一個矩陣。
- **計算直方圖所需的影像個數**：我們只使用一個影像。
- **用來計算直方圖的通道的尺寸**：範例使用 0。
- 非必要的遮罩（mask）矩陣。
- 儲存直方圖結果的矩陣。
- **直方圖的維度**：影像（只是個灰階平面）中每個數值佔有空間的尺寸，範例中是 1。
- 需要計算的欄位個數（bin）：範例使用 256，每個像素值一個位置。
- **輸入變數的範圍**：以範例而言，像素可能的數值範圍是 0 到 255。

每個通道使用的 `calcHist` 函式看起來像是這樣：

```
calcHist(&bgr[0], 1, 0, Mat(), b_hist, 1, &numbins, &histRange);
calcHist(&bgr[1], 1, 0, Mat(), g_hist, 1, &numbins, &histRange);
calcHist(&bgr[2], 1, 0, Mat(), r_hist, 1, &numbins, &histRange);
```

分別計算完每個通道的直方圖之後，接著要畫出每個通道的直方圖，並呈現給使用者。先從建立尺寸是 512×300 像素的彩色影像開始：

```
// 描繪直方圖
// 接著要繪製各通道的線段
int width= 512;
int height= 300;
// 建立灰階影像
Mat histImage(height, width, CV_8UC3, Scalar(20,20,20));
```

將直方圖數值畫到影像之前，必須先將直方圖矩陣內的數值依最小值 `min`，最大值 `max` 作正規化（normalize），範例中最大值就是輸出直方圖影像的高：

```
// 將直方圖依影像高正規化
normalize(b_hist, b_hist, 0, height, NORM_MINMAX);
normalize(g_hist, g_hist, 0, height, NORM_MINMAX);
normalize(r_hist, r_hist, 0, height, NORM_MINMAX);
```

接下來只需要從第 0 個位置畫一條線到第 1 個位置，逐個畫下去。先計算每個欄位寬度的像素個數，將影像寬度除以欄位個數後的結果儲存為 binStep 變數。每個小線段都是畫在水平線上，從 i-1 畫到 i，而直方圖中的垂直線是對應到 i，會依據色彩通道中的數值描繪，程式碼如下：

```
int binStep= cvRound((float)width/(float)numbins);
    for(int i=1; i< numbins; i++)
    {
        line(histImage,
                Point(binStep*(i-1), height-cvRound(b_hist.
at<float>(i-1))),
                Point(binStep*(i), height-cvRound(b_hist.at<float>(i))),
                Scalar(255,0,0)
            );
        line(histImage,
                Point(binStep*(i-1), height-cvRound(g_hist.
at<float>(i-1))),
                Point(binStep*(i), height-cvRound(g_hist.at<float>(i))),
                Scalar(0, 255, 0)
            );
        line(histImage,
                Point(binStep*(i-1), height-cvRound(r_hist.
at<float>(i-1))),
                Point(binStep*(i), height-cvRound(r_hist.at<float>(i))),
                Scalar(0, 0, 255)
            );
    }
```

最後，使用 imshow 函式顯示直方圖影像：

```
imshow("Histogram", histImage);
```

下圖是 lena.png 影像執行的結果：

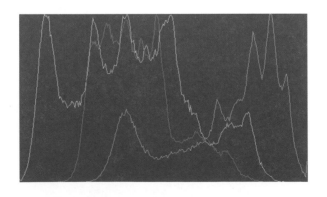

影像色彩均化

本節要介紹均化彩色影像的方法，影像均化也稱為直方圖均化（histogram equalization），試著取得數值均勻分布（uniform distribution）的直方圖。均化的結果會增強影像對比（contrast），能讓區域對比較低的位置得到較高的對比，讓最高的頻率向外擴張。這種作法非當適合用來處理十分暗或亮，且背景與前景差異不大的影像。透過色彩均化能夠提高過曝或曝光不足部份的對比與細節，這個技巧在 X 光等醫療影像十分有用。

這種做法主要的缺點有二：提高背景雜訊（noise），導致降低有效的訊號（signal）。讀者可以從下圖看出均化後的效果，以及直方圖的變化與影像對比的提高。

接下來就試著動手實作直方圖均化，實作內容在使用者介面指定的回呼函式：

```
void equalizeCallback(int state, void* userData)
{
    Mat result;
    // 轉換 BGR 影像為YCrCb
    Mat ycrcb;
```

```
cvtColor(img, ycrcb, COLOR_BGR2YCrCb);

// 將影像分離為個別通道
vector<Mat> channels;
split(ycrcb, channels);
// 只均化 Y 通道
equalizeHist(channels[0], channels[0]);

// 合併產生的通道
merge(channels, ycrcb);

// 轉換彩色 YCrCb 為 BGR
cvtColor(ycrcb, result, COLOR_YCrCb2BGR);

// 顯示影像
imshow("Equalized", result);
}
```

要均化彩色影像只需要對亮度通道（luminance channel）均化，雖然可以對每個色彩通道都作均化，但結果會不堪使用。另外，均化也可以使用 **HSV** 或 **YCrCb** 等彩色影像格式，只要影像格式有獨立的亮度通道即可。範例中使用 **YCrCb** 影像格式，對其中的 Y 通道（亮度）作均化，執行步驟如下：

1. 使用 cvtColor 函式將輸入的 **BGR** 影像轉換為 **YCrCb**：

   ```
   Mat result;
   // 轉換 BGR 影像為YCrCb
   Mat ycrcb;
   cvtColor(img, ycrcb, COLOR_BGR2YCrCb);
   ```

2. 將 **YCrCb** 影像分離為不同通道（channels）的矩陣：

   ```
   // 將影像分離為個別通道
   vector<Mat> channels;
   split(ycrcb, channels);
   ```

3. 使用 equalizeHist 函式均化 Y 通道的直方圖，函式只需要兩個參數，分別代表輸入與輸出矩陣：

   ```
   // 只均化 Y 通道
   equalizeHist(channels[0], channels[0]);
   ```

4. 將均化後的通道合併回影像，再將結果轉換為 **BGR** 格式顯示給使用者：

   ```
   // 合併產生的通道
   merge(channels, ycrcb);
   ```

```
// 轉換彩色 YCrCb 為 BGR
cvtColor(ycrcb, result, COLOR_YCrCb2BGR);

// 顯示影像
imshow("Equalized", result);
```

對低對比的 Lena 影像執行以上程序會得到如下圖的結果：

lomo 效果

本節要建立另一種影像效果，一個經常在 Google Camera 與 Instagram 等行動裝置應用軟體上看到的效果。本節會介紹查找表（**Look-up Table** 或 **LUT**）的使用方式，並在稍後作進一步的討論。讀者也會學到如何覆蓋另一張圖層達到想要的效果，範例中是蓋上一張中間有空洞的黑色圖層。這個效果的實作在 lomoCallback 函式當中，程式碼如下：

```
void lomoCallback(int state, void* userData)
{
    Mat result;
```

```
    const double exponential_e = std::exp(1.0);
    // 產生色彩曲線效果的查找表
    Mat lut(1, 256, CV_8UC1);
    for (int i=0; i<256; i++)
    {
        float x= (float)i/256.0;
        lut.at<uchar>(i)= cvRound( 256 * (1/(1 + pow(exponential_e, -((x-
0.5)/0.1)) )) );
    }
    // 分離影像通道，只對紅色通道套用曲線轉換
    vector<Mat> bgr;
    split(img, bgr);
    LUT(bgr[2], lut, bgr[2]);
    // 合併結果
    merge(bgr, result);
    // 建立 halo 暗色影像
    Mat halo(img.rows, img.cols, CV_32FC3, Scalar(0.3,0.3,0.3) );
    // 建立圓圈
    circle(halo, Point(img.cols/2, img.rows/2), img.cols/3,
Scalar(1,1,1), -1);
    blur(halo, halo, Size(img.cols/3, img.cols/3));
    // 轉換結果為浮點數以便與 1 的因數相乘
    Mat resultf;
    result.convertTo(resultf, CV_32FC3);
    // 將結果乘上 halo
    multiply(resultf, halo, resultf);
    // 轉換為八位元
    resultf.convertTo(result, CV_8UC3);

    // 顯示結果
    imshow("Lomography", result);
}
```

接下來看看 lomo 效果的運作與實作方式，lomo 效果可以分為幾個步驟，範例是由兩個步驟組成，十分簡單的 lomo 效果：

1. 搭配查找表調整色彩，查找表的內容是紅色通道中的一個曲線。

2. 在影像上方加上一層黑色的遮罩，製造復古效果。

第一步是對紅色作曲線轉換，套用的曲線公式如下：

$$\frac{1}{1+e^{-\frac{x-0.5}{s}}}$$

這個公式產生的曲線會讓暗值更暗亮值更亮，公式中的 **x** 值代表像素值（0 到 255），
s 則是常數，範例中設為 0.1。較小的常數值會讓低於 128 的像素值變得非常暗，讓
高於 128 的像素值變得非常亮。接近於 1 的常數值會讓曲線十分接近直線，無法產生
我們想要的效果。

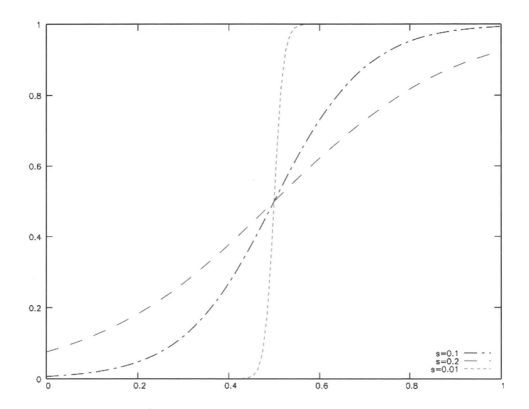

透過「查找表」（LUT）能讓函式實作變得十分簡單，查找表通常被稱為 LUT，LUT 是個向量或表格，會對給定的數值傳回存放在記憶體，預先計算好的結果。LUT 經常用來節省 CPU 運算時間，避免重複執行需要大量運算的相同動作。程式先對所有可能的數值計算一次結果（共 256 次），將結果儲存在表格當中，就不用一再的用每個像素值呼叫 exponential/divide 函式，付出少量記憶體節省 CPU 時間。雖然這種作法在一般 PC 上處理較小的影像時看不出差異，但是在 Raspberry Pi 之類 CPU 能力有限的硬體上就會有明顯的差異。

以範例而言，要是對每個像素重複計算就會需要寬 × 長次的運算，如果是 100×100 像素的影像就要執行 10,000 次的計算，如果可以先計算好所有可能輸入值的結果，就能夠建立 LUT，對影像而言，像素個值只會有 **256** 種不同的數值，如果想要透過函式改變色彩值，可以預算計算好 256 個數值，將結果儲存在 LUT 向量。在範例程式中，先定義了 E 變數，並建立一個 1 行 256 列的 lut 矩陣，接著透過迴圈計算對所有可能的像素值計算結果，將結果儲存到 lut 變數當中：

```
const double exponential_e = std::exp(1.0);
//產生色彩曲線效果的查找表
Mat lut(1, 256, CV_8UC1);
for (int i=0; i<256; i++)
{
    float x= (float)i/256.0;
    lut.at<uchar>(i)= cvRound(256 * (1/(1 + pow(exponential_e, -((x-
0.5)/0.1)) )) );
}
```

前面提過，本節並沒有對所有的通道都作調整，所以先用 split 函式將影像依通道分離：

```
// 分離影像通道，只對紅色通道套用曲線轉換
vector<Mat> bgr;
split(img, bgr);
```

接著對紅色通道套用 lut 表格變數，OpenCV 提供的 LUT 函式，需要以下三個參數：

- 輸入影像
- 查找表的矩陣
- 輸出矩陣

接著用以下的方式，對紅色通道呼叫 LUT 函式：

```
LUT(bgr[2], lut, bgr[2]);
```

再將運算完畢的通道合併回影像：

```
// 合併結果
merge(bgr, result);
```

這樣就完成了第一個步驟，還需要一個暗色的空洞達到最終效果。也就是建立與輸入影像相同大小的灰色影像，在影像中間畫上一個白色的圓：

```
// 建立 halo 暗色影像
Mat halo(img.rows, img.cols, CV_32FC3, Scalar(0.3,0.3,0.3));
// 建立圓圈
circle(halo, Point(img.cols/2, img.rows/2), img.cols/3, Scalar(1,1,1),
-1);
```

先看看以下的截圖：

要是直接將這張影像套到輸入影像上，會從暗色轉變為白色，產生十分強烈的變化，因此，可以先對圓形的影像使用 blur 過濾函式，取得較平順的效果：

```
blur(halo, halo, Size(img.cols/3, img.cols/3));
```

調整過後能夠得到以下的結果：

現在,如果要把這張空洞的影像套到步驟一產生的影像上,最簡單的作法是將兩個影像相乘。但由於模糊影像的數值是 0 到 1 之間,而輸入的影像像素值是整數,需要先將輸入影像從 8 位元影像轉換為 32 位元浮點數,也就是以下程式的作用:

```
// 轉換結果為浮點數以便與 1 的因數相乘
Mat resultf;
result.convertTo(resultf, CV_32FC3);
```

影像轉換之後,只需要將兩個矩陣的每個像素元素相乘:

```
// 將結果乘上 halo
multiply(resultf, halo, resultf);
```

最後,將浮點數矩陣結果轉換回 8 位元影像,再將結果呈現到畫面上:

```
// 轉換為八位元
resultf.convertTo(result, CV_8UC3);

// 顯示結果
imshow("Lomography", result);
```

結果如下圖:

卡通化效果

在本章的最後一節要建立另一個效果，稱為**卡通化**（**cartoonize**），這個效果的目的是要建立看起來像是卡通畫的影像。要達到這樣的效果，必須將演算法分為兩個步驟：「**邊界偵測**」（**edge detection**）以及「**色彩過濾**」（**color filtering**）。

定義這個效果演算法的 cartoonCallback 函式的實作如下：

```
void cartoonCallback(int state, void* userData)
{
    /** 邊界 **/
    // 套用中值濾鏡，移除潛在雜訊
    Mat imgMedian;
    medianBlur(img, imgMedian, 7);

    // 用 canny 偵測邊界
    Mat imgCanny;
    Canny(imgMedian, imgCanny, 50, 150);
    // 膨脹邊界
    Mat kernel= getStructuringElement(MORPH_RECT, Size(2,2));
    dilate(imgCanny, imgCanny, kernel);

    // 將邊界值相對於 1 作縮放，再倒轉數值
    imgCanny= imgCanny/255;
    imgCanny= 1-imgCanny;
    // 使用浮點數以便於 0 到 1 間數值的乘法
    Mat imgCannyf;
    imgCanny.convertTo(imgCannyf, CV_32FC3);

    // 模糊邊界產生平滑效果
    blur(imgCannyf, imgCannyf, Size(5,5));

    /** 色彩 **/
    // 套用二值濾鏡均值化色彩
    Mat imgBF;
    bilateralFilter(img, imgBF, 9, 150.0, 150.0);

    // 四捨五入色彩值
    Mat result= imgBF/25;
    result= result*25;

    /** 合併色彩與邊界 **/
    // 產生邊界的三通道
    Mat imgCanny3c;
    Mat cannyChannels[]={ imgCannyf, imgCannyf, imgCannyf};
    merge(cannyChannels, 3, imgCanny3c);
```

```
    // 轉換色彩結果為浮點數
    Mat resultf;
    result.convertTo(resultf, CV_32FC3);

    // 色彩與邊界矩陣相乘
    multiply(resultf, imgCanny3c, resultf);

    // 轉換為 8 位元色彩
    resultf.convertTo(result, CV_8UC3);

    // 顯示影像
    imshow("Result", result);
}
```

首先要偵測影像中最重要的邊界，偵測邊界之前必須先移除輸入影像中的雜訊。移除雜訊有多種不同的作法，範例使用中值濾鏡（median filter）移除所有潛在的小雜訊，但也可以使用如 Gaussian blur 等其他的方法。以上程式中使用的 OpenCV 函式是 medianBlur，需要三個參數：輸入影像、輸出影像以及 kernel 尺寸（kernel 是用來對影像執行摺積等數學運算時使用的小矩陣）。

```
    Mat imgMedian;
    medianBlur(img, imgMedian, 7);
```

移除潛在雜訊之後，程式接著使用 Canny 濾鏡偵測最強的邊界：

```
    // 用 canny 偵測邊界
    Mat imgCanny;
    Canny(imgMedian, imgCanny, 50, 150);
```

Canny 濾鏡需要以下五個參數：

- 輸入影像
- 輸出影像
- 第一個閾值（threshold）
- 第二個閾值
- Sobel size aperture
- 代表是否使用更正確的 image gradient magnitude 的布林值

進行邊界連結（edge linking）時會使用第一與第二閾值間的最小值，最大值用於尋找強邊界的初始線段（segment），solbel size aperture 是 sobel 濾鏡在執行演算法時使用的核心大小。偵測完邊界之後，程式接著透過少量膨脹運算連結各個邊界的片段：

```
// 膨脹邊界
Mat kernel= getStructuringElement(MORPH_RECT, Size(2,2));
dilate(imgCanny, imgCanny, kernel);
```

與 lomo 效果的作法相同，接著需要將邊界結果的影像與色彩影像相乘，由於後續需要 0 到 1 之間的像素值，所以將 canny 的結果除以 256，並將邊界反轉為黑色：

```
// 將邊界值相對於 1 作縮放，再倒轉數值
imgCanny= imgCanny/255;
imgCanny= 1-imgCanny;
```

同時將 canny 8 unsigned bit 矩陣轉換為浮點數矩陣：

```
// 使用浮點數以便於 0 到 1 間數值的乘法
Mat imgCannyf;
imgCanny.convertTo(imgCannyf, CV_32FC3);
```

如果想讓結果看起來更酷些，可以把邊界模糊化，讓產生的線條更為柔和，也就是套用 blur 濾鏡：

```
// 模糊邊界產生平滑效果
blur(imgCannyf, imgCannyf, Size(5,5));
```

如此就完成演算法的第一階段，可以開始處理色彩。為了得到卡通化的外觀，接下來要套用 bilateral 濾鏡：

```
// 套用二值濾鏡均值化色彩
Mat imgBF;
bilateralFilter(img, imgBF, 9, 150.0, 150.0);
```

bilateral 濾鏡是能夠降低影像雜訊，同時保持邊界的濾鏡。搭配適當的參數值就能夠得到類似卡通畫的效果，稍後會說明適當的參數值。

bilateral 濾鏡需要以下的參數：

- 輸入影像
- 輸出影像
- 像素周邊的半徑值，如果設為負值，就從 sigma 空間值計算而來

- sigma 色彩值
- sigma 坐標空間

 半徑值大於 5 之後，`bilateral` 濾鏡的執行速度就會開始變慢，當 sigma 值高於 150 之後，就會開始出現卡通式的效果。

為了建立更明顯的卡通化效果，程式將像素值作一次乘法與除法，捨去 10 以下的色彩值：

```
// 四捨五入色彩值
Mat result= imgBF/25;
result= result*25;
```

最後需要合併色彩與邊界的結果，先將第一階段的結果分離為三個通道的影像：

```
// 產生邊界的三通道
Mat imgCanny3c;
Mat cannyChannels[]={ imgCannyf, imgCannyf, imgCannyf};
merge(cannyChannels, 3, imgCanny3c);
```

然後將產生的影像轉換為 32 位元浮點數影像，再將兩個影像逐個元素相乘：

```
// 轉換色彩結果為浮點數
Mat resultf;
result.convertTo(resultf, CV_32FC3);

// 色彩與邊界矩陣相乘
multiply(resultf, imgCanny3c, resultf);
```

最後，只需將影像轉換回 8 位元影像呈現給使用者，就完成了：

```
// 轉換為 8 位元色彩
resultf.convertTo(result, CV_8UC3);

// 顯示影像
imshow("Result", result);
```

在以下截圖可以看到輸入影像（左側）與套用卡通化效果後的結果（右側）：

小結

本章建立了一個完整的專案，能夠對影像套用不同的濾鏡效果。讀者學到了將彩色影像分割為多個矩陣，操作個別的色彩通道；也學到建立查找表、合併多個矩陣，使用 canny 與 bilateral 濾鏡、畫圓以及結合多個影像產生空心效果的方法。

在下一章，讀者將會學到物體識別以及將影像分為不同部份，偵測個別部份的方法。

5

自動光學檢查、物體分割
與偵測

在第 4 章「*深入色階直方圖與濾鏡*」學到了色階直方圖與濾鏡，讓我們能夠認識影像操作，建立照片應用程式。

本章要介紹物體分割（object segmentation）與偵測（detection）的基本知識，物體分割與偵測是指獨立出影像中的物體供後續的處理與分析。

本章涵蓋以下主題：

- 移除雜訊
- 去除光／背景的基礎
- 閾值（thresholding）
- 在物體分割時找出相連的部份
- 在物體分割時找出輪廓

在產業界會使用複雜的電腦視覺系統與硬體，試著偵測製造過程中的問題與降低錯誤，提高最終產品的品質。

在這個領域，電腦視覺這個名稱代表的工作是「**自動光學檢測**」（**Automated Optical Inspection，AOI**），這個名稱出現在印刷電路板製造商的檢測程序，每個電路會經過多部攝影機的掃描，偵測重大錯誤或品質缺陷，同樣的名稱也被其他製造商用來表示使用光學攝影系統與電腦視覺演算法提昇產品品質的程序。現代光學檢測會依據問題需要使用不同型式的攝影機，如紅外線、3D 相機等等，處理的問題包含了測量物體、偵測表面效果，許多複雜的演算法為了各種不同的目的，被使用在成千上萬的產業，處理缺陷偵測、辨識、分類等各式各樣的問題。

技術要求

讀者需要熟悉基本的 C++ 程式語言，本章的所有程式碼都可以從以下的 GitHub 網址 取 得：https://github.com/PacktPublishing/Learn-OpenCV-4-By-Building-Projects-Second-Edition/tree/master/Chapter_05。程式碼應該可以在所有的作業系統執行，但筆者只有在 Ubuntu 上測試。

讀者可以在以下網址的影片中看到程式實際執行的效果：
http://bit.ly/2DRbMbz

分離場景中的物件

本章要介紹所有 AOI 演算法的第一步，也就是分離場景中不同的部份或物體。接下來會以三種不同物體的偵測與分類作為範例，物體類型包含螺絲、墊圈與螺帽。透過本章與第 6 章「*學習物體分類*」完成所有的開發過程。

假設我們是製造這三種產品的公司，用相同的輸送帶傳送三種產品。程式的目的是偵測並分類輸送帶上不同類型的產品，讓機器人能夠將每個產品放置到正確的位置上：

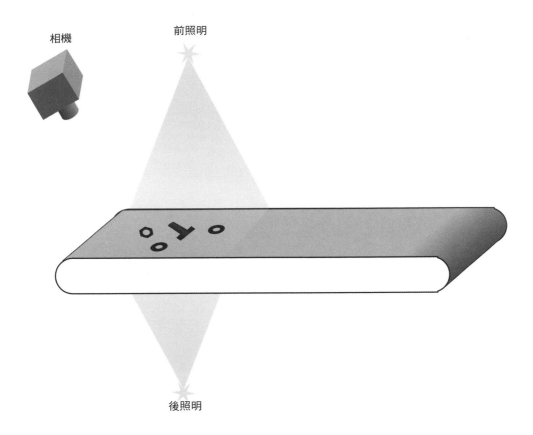

相機　　　　　前照明

後照明

本章會分離個別的物體，同時以像素為單位偵測物體在影像中的位置；下一章會進一步分類分離出來的物品，判斷是螺帽、螺絲或墊圈。

以下截圖呈現了希望達成的結果，左圖包含了一些物體，右圖則是用不同的顏色畫出不同的物體，同時顯示了面積、高、寬、邊界長等不同的特質。

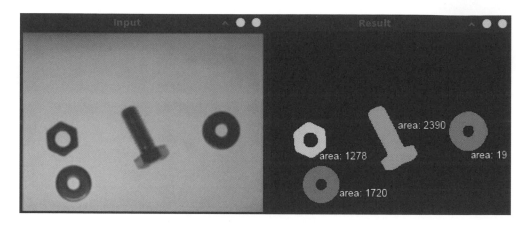

要能夠做到這樣的結果，必須依循幾個不同的步驟，為了能夠更了解使用的演算法，同時讓演算法有更好的結構，完整的步驟如下圖所示：

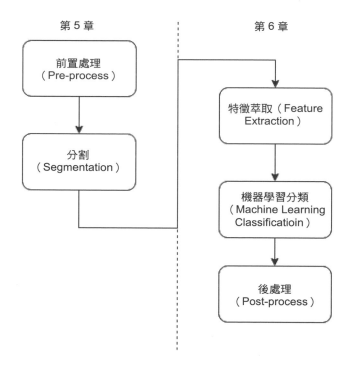

應用程式分為兩章介紹，本章會開發與認識前置作業與分割步驟，在第 6 章「**學習物體分類**」中會萃取每個分割物體的特徵（characteristics）並訓練機器學習系統／演算法，讓機器學習系統能夠辨識各個物體類型。

前置處理可以進一步細分為三個子步驟：

- **移除雜訊**
- **移除照明**（lighting）
- **二值化**（**Binarization**）

在分割步驟裡會使用到兩個不同的演算法，說明如下：

- 輪廓偵測演算法（contour detection）
- **連通元件**萃取（標記）（**connected component** extraction/labeling）

讀者可以從下圖看出這些子步驟在應用程式中的流程：

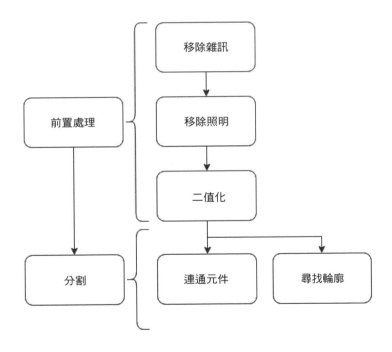

接下來就可以開始前置處理步驟，透過移除雜訊與照明效果以取得最佳的**二值化**影像，降低潛在的偵測錯誤。

建立 AOI 應用程式

這個新的應用程式執行需要幾個輸入參數，使用者執行應用程式時，除了一定要指定
待處理的影像檔之外，其他參數都能夠省略，輸入參數分別說明如下：

- 待處理的輸入影像
- 照明影像模式
- 照明運算，使用者可以選擇減法或除法運算
- 輸入值設為 0 會採用減法運算
- 輸入值設為 1 會採用除法運算
- 分割方式，使用者可以選擇通連元件是否包含統計與尋找輪廓方法
- 輸入值設為 1，分割時採用連通元件方法
- 輸入值設為 2，採用連通元件與統計
- 輸入值設為 3，採用尋找輪廓方法作分割

為了讓使用者能夠選擇不同的參數，程式會利用 Command Line Parser 類別與以下的
參數定義：

```
// OpenCV 命令列剖析函式
// 命令列剖析器接受的命令
const char* keys =
{
  "{help h usage ? | | print this message}"
  "{@image || Image to process}"
  "{@lightPattern || Image light pattern to apply to image input}"
  "{lightMethod | 1 | Method to remove background light, 0 difference, 1
div }"
  "{segMethod | 1 | Method to segment: 1 connected Components, 2
connected components with stats, 3 find Contours }"
};
```

在 main 函式中利用 Command Line Parser 類別檢查使用者輸入的參數，先前在第 2
章「*OpenCV 基礎介紹*」的「讀取／寫入影像」一節已經介紹過 CommandLineParser：

```
int main(int argc, const char** argv)
{
  CommandLineParser parser(argc, argv, keys);

  parser.about("Chapter 5. PhotoTool v1.0.0");
```

```
// 如果需要顯示 help
if (parser.has("help"))
{
    parser.printMessage();
    return 0;
}

String img_file= parser.get<String>(0);
String light_pattern_file= parser.get<String>(1);
auto method_light= parser.get<int>("lightMethod");
auto method_seg= parser.get<int>("segMethod");
// 檢查參數是否正確剖析為變數
if (!parser.check())
{
    parser.printErrors();
    return 0;
}
```

處理完命令列輸入參數之後，接著檢查輸入影像是否能夠正確載入，並載入影像檢查影像是否有資料：

```
// 載入影像作處理
Mat img= imread(img_file, 0);
if(img.data==NULL){
    cout << "Error loading image " << img_file << endl;
    return 0;
}
```

一切就序後，就可以建立 AOI 程序的分割作業，接下來先從前置處理工作開始。

前置處理輸入影像

本節要介紹一些在處理物體分割／偵測的前置處理作業中經常用到的技巧，前置處理是在真正處理影像或萃取所需資訊之前要做的第一個動作。一般而言，前置處理步驟試著最小化影像的雜訊、照明情況或因為相機鏡頭造成的影像變形（image deformation），這些處理能夠降低偵測物體或分割影像時可能發生的錯誤。

移除雜訊

由於雜訊在影像中經常會以小點呈現，可能會被分割為一個物體，如果不先移除雜訊，就會偵測到比預期更多的物體。雜訊經常是由感應器或掃描電路產生，這些亮度或彩度上的變化會以很多不同的形式呈現，如 Gaussian noise、spike noise 以及 shot noise。

有很多不同的技術能夠移除影像中的雜訊，本章範例使用了平滑運算，但依據雜訊類型的不同，也會使用一些更有效的移除雜訊技術。例如在移除 salt-and-pepper 雜訊時，通常會使用中間值濾鏡（median filter），如以下的影像：

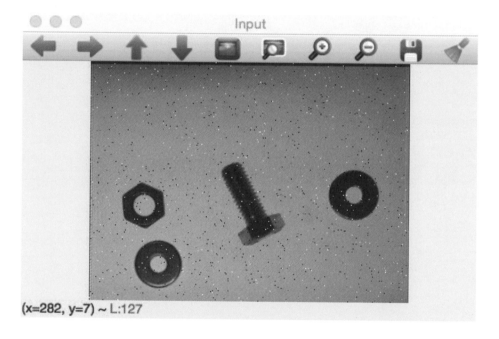

以上的影像是包含 salt-and-pepper 雜訊的原始輸入，要是使用中間值模糊（mediam blur），只會失去少量細節，而得到很好的結果。例如，失去了螺絲的外框，但維持良好的邊界，參看以下的影像。

要是使用的是 box 濾鏡或 Gaussian 濾鏡，平滑運算並無法消除雜訊，但物體會失去
細節並變得平滑，如下圖的結果：

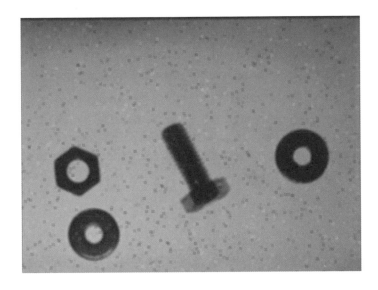

OpenCV 提供的 `medianBlur` 函式需要以下三個參數：

- 具有 1、3 或 4 個通道的輸入影像，當 kernel 大於 5 時，影像深度只能夠是
  CV_8U。

- 輸出影像，也就是對輸入影像套用中間值模糊的結果，與輸入影像有相同類型與
  影像深度。

- 光圈（aperture）大於 1 且只能是奇數值的 kernel 大小，例如 3、5、7。

範例使用以下的程式碼移除雜訊：

```
Mat img_noise;
medianBlur(img, img_noise, 3);
```

透過照明模式分割移除背景

本節要開發透過照明模式移除背景的基本演算法，這個前處理步驟能夠讓後續程式分割時有更好的結果，輸入的是如下圖，已消除雜訊的影像：

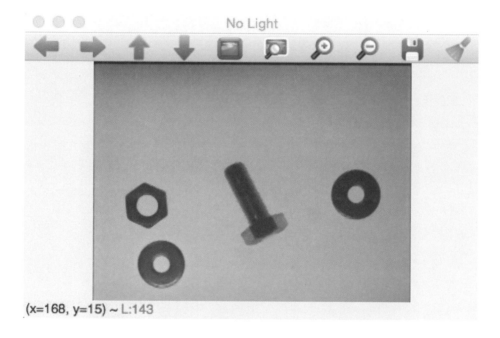

如果對上圖影像套用基本的閾值運算，就能夠得到下圖的結果：

可以看到上圖有許多白雜訊,要是先使用照明模式與背景移除技巧,就能夠得到很好的結果,影像上方不會像先前的結果一樣出現人為雜訊,自然就能夠在分割時得到更好的結果。下圖是套用背景移除與閾值運算後的結果:

該怎麼從影像中移除照明？十分簡單，只需要一張沒有物體的相同場景，拍攝位置與其他影像相同、照片狀況也相同的影像即可；這是在做 AOI 時十分常用的技巧，能夠管控明確知道的外在條件，以我們的例子來說，使用的是如下圖的影像：

接下來只需要一個簡單的數學運算就能夠移除照明模式了，可以有以下的兩個選擇：

- 減法

- 除法

影像減法是最簡單的方式，如果有照明模式 L 與影像 I，移除後的結果 R 就會是兩者相減的結果：

```
R= L-I
```

除法則是比較複雜，但同時也比較簡單。假設照明模式矩陣是 L，影像矩陣是 I，移除雜訊後的結果 R 是：

```
R= 255*(1-(I/L))
```

範例中將影像除以光影模式，但假設照明模式是白色且物體比背景的輸送帶暗，因此影像中的像素值總是會維持相同或比照明模式中的像素質還低，也就是從 I/L 得到的結果會介於 0 到 1 之間。最後，反轉相除後的結果以取得相同的色彩方向範圍，再乘上 255 讓結果的數值介於 0-255 之間。

接下來的程式要建立一個新函式 `removeLight`，函式的參數如下：

- 需要移除照明／背景的輸入影像
- 照明模式 Mat
- 使用的方法，0 表示減法，1 表示除法

輸出結果會是一個沒有照明／背景的新影像矩陣。以下程式碼實作了使用照明模式移除背景的演算法：

```
Mat removeLight(Mat img, Mat pattern, int method)
{
  Mat aux;
  // 如果 method 是 normalization
  if(method==1)
  {
    // 需要將影像改變為 32 浮點數才能作除法
    Mat img32, pattern32;
    img.convertTo(img32, CV_32F);
    pattern.convertTo(pattern32, CV_32F);
    // 將影像除以 pattern
    aux= 1-(img32/pattern32);
    // 轉換為 8 位元格式並縮放
    aux.convertTo(aux, CV_8U, 255);
  }else{
    aux= pattern-img;
  }
  return aux;
}
```

接下來說明程式碼，建立且儲存最終結果的 aux 之後，依據使用者傳入參數所選擇執行的方法，要是選擇 1 就會執行除法運算。

除法運算需要 32 位元浮點數的影像，如此才能夠進行影像除法。首先將影像與照明模式兩個矩陣都轉換為 32 位元浮點數，使用 Mat 類別的 `convertTo` 方法就能夠將影像轉換為 32 位元浮點數模式。這個方法可以使用 4 個參數，輸出的轉換後影像以及轉換的格式兩者是必要參數，此外還可以指定 alpha 與 beta 參數，分別表示縮放與位移值，如以下的公式，公式中的 O 是輸出影像，I 則表示輸入影像：

$$O(x,y) = cast<Type>(\alpha * I(x,y) + \beta)$$

以下程式能夠將影像轉換為 32 位元浮點數：

```
// 需要將影像改變為 32 浮點數才能作除法
Mat img32, pattern32;
img.convertTo(img32, CV_32F);
pattern.convertTo(pattern32, CV_32F);
```

接下來要依據先前的說明，對矩陣進行數學運算，將影像除以照明模式後再反轉結果：

```
// 將影像除以 pattern
aux= 1-(img32/pattern32);
```

這樣就得到了結果，但還要再將結果轉換為 8 位元深度的影像，與先前轉換影像的 mat 一樣，再次使用 convertTo 函式轉換影像，並透過 **alpha** 參數將數值縮放到 0 到 255 之間：

```
// 轉換為 8 位元格式並縮放
aux.convertTo(aux, CV_8U, 255);
```

現在可以將 aux 作為結果回傳。至於減法運作，因為不需要任何影像轉換，實作十分容易，只需要對模式與影像作減法運算，再傳回結果即可。如果沒有要求照明模式值大於等於影像像素值，就需要額外的檢查，將小於 0 或大於 255 的數值截斷（truncate）：

```
aux= pattern-img;
```

下圖是對輸入影像套用照明模式的結果：

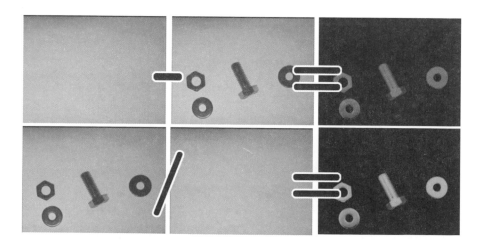

從得到的結果中可以確認，的確移除了光影漸層以及潛在的人為影像。但是沒有光影／背景模式的話又該如何？這種情況有幾種不同的技巧可以利用，接下來介紹的是最基本的作法。可以利用濾鏡建立可用的模式，但有其他更好的演算法，可以利用一些物體出現在不同的影像，透過這些影像獲得背景的模式，我們要介紹的基本技巧就很適合用作這樣的用途，在第 8 章「影像監控、背景塑模以及形態運算」會介紹更為進階的技巧。為了估計背景影像，程式會以較大的核心對輸入影像作模糊過濾，這是在**光學文字辨識**（**optical character recognition**，**OCR**）很常見的技巧，在 OCR 的時候，文字與整個文件相比十分細小，因此能夠讓程式估算影像的照明模式。讀者可以從下圖左側看到重建出來的背景模式，右側則是真實的背景：

可以看到照明模式有些微的差異，但已經足以用來移除背景，並可以從下圖看到使用不同模式影像產生的結果。在下圖可以看到用原始輸入影像與估計的背景影像所產生的結果：

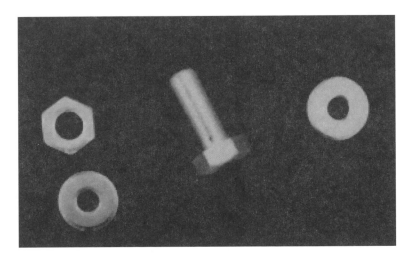

calculateLightPattern 函式是用來估算照明模式或背景的函式：

```
Mat calculateLightPattern(Mat img)
{
  Mat pattern;
  // 從影像計算光影模式基本且有效的方法
  blur(img, pattern, Size(img.cols/3, img.cols/3));
  return pattern;
}
```

這個基本的函式使用相對於影像大小而言十分大的核心，對影像進行 blur 運算。範例程式碼中以原始長寬的 **1/3** 作為核心大小。

閾值運算

移除背景後，只剩下將影像二值化以供後續分割之用。使用的方式是閾值運算，Threshold 是個很簡單的函式，會依據像素值與 threshold 的關係設定新的像素值。如果原像素值比 **threshold** 值大就設為最大值（如 255），如果像素值比 **threshold** 值小就設為最小值（0）：

$$I(x,y) = \begin{cases} 0, & \text{if } I(x,y) < \text{threshold} \\ 1, & \text{if } I(x,y) > \text{threshold} \end{cases}$$

程式會用兩個不同的 threshold 值執行 threshold 函式：首先，因為非相關區域都是黑色，使用 30 threshold 移除光／背景，這麼做是因為做過了背景消除；另外，在沒有使用照明移除時，還會用中間值 threshold (140)，因為這種情況下的背景會是白色。後者是為了不論是否使用背景消除，都能夠檢查結果：

```
// 為分割將影像二值化
Mat img_thr;
if(method_light!=2){
  threshold(img_no_light, img_thr, 30, 255, THRESH_BINARY);
}else{
  threshold(img_no_light, img_thr, 140, 255, THRESH_BINARY_INV);
}
```

接下來就要進入應用程式最重要的部份：分割。將會使用兩種不同的作法／演算法：連結組件以及尋找輪廓。

分割輸入影像

接下來，介紹兩種分割閾值運算後影像的技巧：

- 連結組件

- 尋找輪廓

有了這兩個技巧就能夠從影像中找出**每個目標區域**（region of interest，ROI），對本章的範例來說，就是螺絲、墊圈與螺帽。

連結組件演算法

連結組件（connected component）是個很常用在對二值影像分割以及找出部份的演算法，連結組件是個對影像使用 8 向或 4 向相連像素標記的迭代演算法（iterative algorithm），兩個像素互相連結的條件是兩個像素數值相同且彼此相鄰。在下圖中，每個像素都有八個相鄰像素：

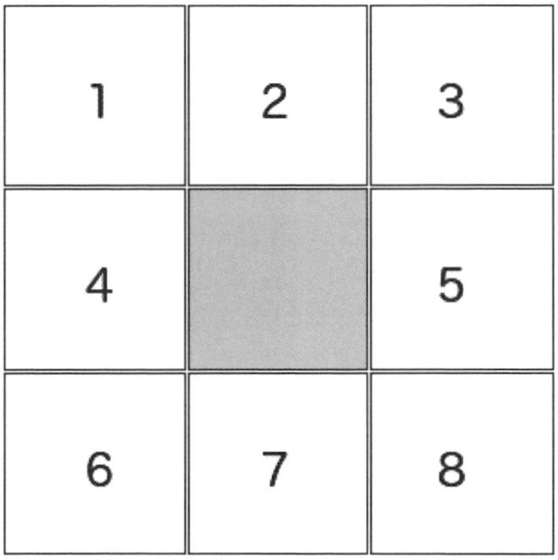

4- 連結的意思是只有 **2**、**4**、**5**、**7** 四個相鄰像素與中心顏色相同時，兩個像素才視為互相連結；而 8- 連結的意思則是 **1**、**2**、**3**、**4**、**5**、**6**、**7.**、**8** 的顏色與中心相同都可以視為互相連結。在接下來的例子裡，可以看到 8- 連結與 4- 連結演算法的差異，範例會對以下這個二進位圖檔執行演算法。演算法中會使用 9×9 的矩陣呈現出組件的連結性以及 4- 連結與 8- 連結間的差異：

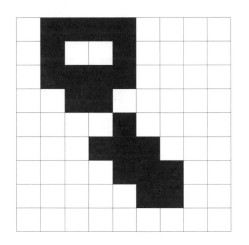

4- 連結演算法會偵測出兩個物體，如左側圖，而 8- 連結演算法則只會偵測出一個物體（右側圖），因為對角的兩個像素在 8- 連結演算法中會被視為互相連結，但在 4-連結演算法中，只有垂直與水平方向的像素會被視為互相連結。結果如下圖所示，每個物體以不同的灰階值呈現：

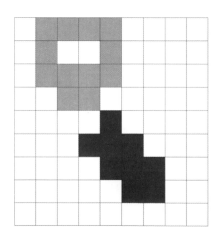
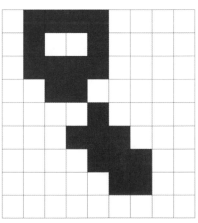

OpenCV 透過以下兩個函式提供連結組件演算法：

- connectedComponents(image, labels, connectivity=8, type=CV_32S)

- connectedComponentswithStats(image, labels, stats, centroids, connectivity= 8, type=CV_32S)

兩個函式都會傳回偵測到的 label 的數量，其中 label 0 表示背景。兩個函式的差異基本上在於傳回的資訊，以下逐一說明。connectedComponents 函式提供以下四個參數：

- **Image**：要進行標記的輸入影像

- **Labels**：與輸入影像相同大小的輸出矩陣，其中每個像素點的值代表的是組件的標記，所有的 0 值都表示背景，數值為 1 的像素表示第一個連結組件物體，依此類推。

- **Connectivity**：可設定兩個值：8 或 4，表示判斷是否相連時使用的連結性。

- **Type**：標記影像（label image）使用的類型，只能接受兩種類型 CV32_S 與 CV16_U，預設值是 CV32_S。

- connectedComponentsWithStats 函式需要兩個額外的參數，分別是 stats 與 centroids：

  - **Stats**：這是個輸出參數，能夠對（含背景在內的）每個標記提供以下的統計數值：

    - CC_STAT_LEFT：指定標記的連結組件物體最左端的 x 坐標值

    - CC_STAT_TOP：指定標記的連結組件物體最上端的 y 坐標值

    - CC_STAT_WIDTH：指定標記的連結組件物體的定界框（bounding box）寬度

    - CC_STAT_HEIGHT：指定標記的連結組件物體的定界框高度

    - CC_STAT_AREA：指定標記的連結組件物體的像素個數（面積）

  - **Centroids**：以浮點類型表示的質心（centroid point），背景會視為另一個連結組件。

為了使用這兩個 OpenCV 提供的演算法，範例程式會建立兩個函式，會將使用連結組件演算法後得到的結果呈現給使用者，每個組件使用不同的顏色。要是選擇包含狀態的連結組件演算法，還會額外加上計算而來的物體面積值。

接下來先定義基本的繪製連結組件函式：

```
void ConnectedComponents(Mat img)
{
  // 使用連結組件將影像分為可能的部份
    Mat labels;
    auto num_objects= connectedComponents(img, labels);
  // 檢查偵測到的物體數量
    if(num_objects < 2 ){
       cout << "No objects detected" << endl;
       return;
     }else{
      cout << "Number of objects detected: " << num_objects - 1 << endl;
    }

  // 建立輸出影像，著色各個物體
    Mat output= Mat::zeros(img.rows,img.cols, CV_8UC3);
    RNG rng(0xFFFFFFFF);
    for(auto i=1; i<num_objects; i++){
       Mat mask= labels==i;
       output.setTo(randomColor(rng), mask);
     }
    imshow("Result", output);
}
```

一開始先呼叫 OpenCV 的 connectedComponents 函式，函式會傳回偵測到的物體個數。要是物體個數小於 2 就表示只偵測到背景，不需要繪製任何東西直接結束；要是演算法偵測到一個以上的物體，就透過終端機畫面顯示偵測到的物體個數：

```
    Mat labels;
    auto num_objects= connectedComponents(img, labels);
    // 檢查偵測到的物體數量
    if(num_objects < 2){
      cout << "No objects detected" << endl;
      return;
    }else{
      cout << "Number of objects detected: " << num_objects - 1 << endl;
```

接著就要在新影像裡用不同的顏色繪製偵測到的所有物體，先建立與輸入影像相同大小、黑色、有三個色彩通道的影像：

```
Mat output= Mat::zeros(img.rows,img.cols, CV_8UC3);
```

然後透過迴圈處理 0 之外的每個標記，因為 0 表示背景：

```
for(auto i=1; i<num_objects; i++){
```

為了要萃取出特定標記的影像，需要先較為每個標記值 i 建立遮罩（mask），並將結果儲存為新的影像：

```
Mat mask= labels==i;
```

最後，透過偽亂數色彩與遮罩輸出影像：

```
    output.setTo(randomColor(rng), mask);
    }
```

在迴圈處理完所有影像之後，輸出影像裡就有了以不同顏色呈現的所有物體，接下來只需要顯示輸出影像即可：

```
imshow("Result", output);
```

顯示結果會將每個物體用不同的顏色或灰階呈現：

接下來要說明 OpenCV 包含統計資訊的連結組件演算法的使用方式，並將一部份的資訊呈現在輸出影像當中。以下的函式實作了這些功能：

```
void ConnectedComponentsStats(Mat img)
{
  // 使用連結組件與狀態
  Mat labels, stats, centroids;
```

```
  auto num_objects= connectedComponentsWithStats(img, labels, stats,
centroids);
  // 檢查偵測到的物體數量
  if(num_objects < 2 ){
    cout << "No objects detected" << endl;
    return;
  }else{
    cout << "Number of objects detected: " << num_objects - 1 << endl;
  }
  // 建立輸出影像，著色物體並顯示資料
  Mat output= Mat::zeros(img.rows, img.cols, CV_8UC3);
  RNG rng( 0xFFFFFFFF );
  for(auto i=0; i<num_objects; i++){
    cout << "Object " << i << " with pos: " << centroids.at<Point2d>(i)
<< " with area " << stats.at<int>(i, CC_STAT_AREA) << endl;
    Mat mask= labels==i;
    output.setTo(randomColor(rng), mask);
    // 描繪 area 文字
    stringstream ss;
    ss << "area: " << stats.at<int>(i, CC_STAT_AREA);

    putText(output,
      ss.str(),
      centroids.at<Point2d>(i),
      FONT_HERSHEY_SIMPLEX,
      0.4,
      Scalar(255,255,255));
  }
  imshow("Result", output);
}
```

接下來說明程式碼。基本流程與先前不含統計資訊的函式相同，先呼叫連結組件演算法，但這次使用包含統計資訊的函式，接著檢查是否偵測到超過一個的物體：

```
Mat labels, stats, centroids;
  auto num_objects= connectedComponentsWithStats(img, labels, stats,
centroids);
  // 檢查偵測到的物體數量
  if(num_objects < 2 ){
    cout << "No objects detected" << endl;
    return;
  }else{
    cout << "Number of objects detected: " << num_objects - 1 << endl;
  }
```

這個版本多了兩個輸出結果：stats 與 centroids 變數。接著，從命令列輸出每個偵測到的物體的質心與面積：

```
for(int i=0; i<num_objects; i++ ){
    cout << "Object " << i << " with pos: " << centroids.at<Point2d>(i)
<< " with area " << stats.at<int>(i, CC_STAT_AREA) << endl;
```

可以看到對 stats 變數使用 stats.at<int>(I, CC_STAT_AREA) 欄位常數以取得面積資訊。接下來就依據先前的說明，在輸出影像裡描繪 i 標記的物體：

```
Mat mask= labels==i;
output.setTo(randomColor(rng), mask);
```

最後，還要在影像上每個分割物體的質心位置加上面積等資訊，這會利用到 stats 與 centroids 變數的資訊，以及 putText 函式。要先建立 stringstream 才能夠加入面積資訊：

```
// 描繪 area 文字
stringstream ss;
ss << "area: " << stats.at<int>(i, CC_STAT_AREA);
```

接著，使用 putText 函式，並以質心位置作為文字的位置：

```
putText(output,
   ss.str(),
   centroids.at<Point2d>(i),
   FONT_HERSHEY_SIMPLEX,
   0.4,
   Scalar(255,255,255));
```

這個函式執行的結果如下圖：

findContours 演算法

findContours 演算法是分割物體最常使用的 OpenCV 演算法，打從 OpenCV 第一版就納入了這個演算法。這個演算法能提供開發人員許多資訊與描述子，如形狀、拓樸、組織等等：

```
void findContours(InputOutputArray image, OutputArrayOfArrays contours,
OutputArray hierarchy, int mode, int method, Point offset=Point())
```

參數說明如下：

- **Image**：輸入的二進制影像

- **Contours**：輸出的輪廓，每個輪廓都是一個由 point 組成的 vector

- **Hierarchy**：是個可選用的輸出 vector，儲存了 contours 的階層，代表影像的拓樸，開發人員能夠透過這個向量得到輪廓間的關係。階層是由四個索引值的向量表示，這四個索引分別是下個輪廓、上個輪廓、第一個子代，親代輪廓，如果輪廓與其他輪廓沒有任何關係，則索引值為負。更詳細的說明參看 https://docs.opencv.org/3.4/d9/d8b/tutorial_py_contours_hierarchy.html

- **Mode**：取得輪廓時使用的方法：

  - RETR_EXTERNAL：只取得外部（external）輪廓

  - RETR_LIST：取得所有輪廓但不建立階層關係

  - RETR_CCOMP：取得所有輪廓與兩個層級的階層：外部與孔洞（hole），要是另一個物件在孔洞內部，這個物件就會放在階層的上方

  - RETR_TREE：取得所有輪廓並建立輪廓間完整的階層

- **Method**：對取得的輪廓的形狀作近似運算：

  - 設定 CV_CHAIN_APPROX_NONE 時不對輪廓作任何近似運算，儲存輪廓的所有點

  - CV_CHAIN_APPROX_SIMPLE 值壓縮所有的水平、垂直與對角段落，只儲存起、迄點

  - CV_CHAIN_APPROX_TC89_L1 與 CV_CHAIN_APPROX_TC89_KCOS 則會使用 **Telchin chain approximation** 近似演算法

- **Offset**：是個非必要的 point 值，用來對所有的輪廓作位移運算，在處理 ROI 以及需要取得全域位置時十分有用

findContours 函式會改動輸入影像，如果還需要影像作其他用途，則在
將影像傳入函式之前必須自行建立複本。

認識了 findContours 的參數之後，接著要實際用在以下的範例：

```
void FindContoursBasic(Mat img)
{
  vector<vector<Point> > contours;
  findContours(img, contours, RETR_EXTERNAL, CHAIN_APPROX_SIMPLE);
  Mat output= Mat::zeros(img.rows,img.cols, CV_8UC3);
  // 檢查偵測到的物體數量
  if(contours.size() == 0){
    cout << "No objects detected" << endl;
    return;
  }else{
    cout << "Number of objects detected: " << contours.size() << endl;
  }
  RNG rng(0xFFFFFFFF);
  for(auto i=0; i<contours.size(); i++){
    drawContours(output, contours, i, randomColor(rng));
    imshow("Result", output);
  }
}
```

程式逐行說明如下。

本章的情況只需要取得所有物件的外部輪廓，不需要階層資訊。因此函式使用 RETR_
EXTERNAL 模式，並透過 CHAIN_APPROX_SIMPLE 方法選擇最基本的輪廓編碼方式：

```
vector<vector<Point> > contours;
vector<Vec4i> hierarchy;
findContours(img, contours, RETR_EXTERNAL, CHAIN_APPROX_SIMPLE);
```

如同先前的連結組件範例，程式先檢查取得輪廓的數量，要是沒有找到任何輪廓，就
結束函式：

```
  // 檢查偵測到的物體數量
  if(contours.size() == 0){
    cout << "No objects detected" << endl;
    return;
  }else{
    cout << "Number of objects detected: " << contours.size() << endl;
  }
```

最後，在輸出影像裡，用不同的顏色畫出每個偵測到的輪廓，OpenCV 提供了能夠描繪出 findContours 結果影像的函式：

```
for(auto i=0; i<contours.size(); i++)
    drawContours(output, contours, i, randomColor(rng));
  imshow("Result", output);
}
```

drawContours 函式接受以下的參數：

- **Image**：用來描述輪廓的輸出影像

- **Contours**：所有輪廓的 vector

- **Contour index**：表示要描繪的輪廓的索引值，負值時會描繪所有的輪廓

- **Color**：描繪輪廓時使用的色彩

- **Thickness**：負值時輪廓會用選擇的色彩填滿

- **Line Type**：想要使用平滑（anti-aliasing）或其他描繪方法時使用

- **Hierarchy**：選用參數，只有在想要描繪部份輪廓時使用

- **Max Level**：選用參數，只有在指定 hierarchy 參數時會納入考慮。數值設定為 0 時，只會描繪指定的輪廓；要是設定為 1，函式會描繪目前的輪廓及內側（nested）輪廓；要是設定為 2，演算法會描繪所有指定的輪廓

- **Offset**：用來位移輪廓的選用參數

範例的執行結果如下圖：

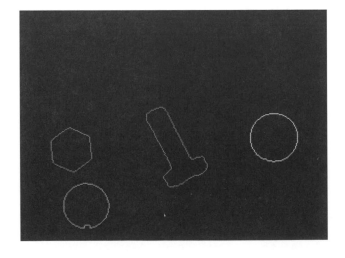

小結

本章在受控制的情況下進行基本的物體分割，也就是透過相機拍攝不同物體的情況。我們學到了移除背景與照明，以便於透過降低雜訊將影像二值化。同時也介紹了三種用來從影像中分離個別物體的演算法，能夠分離影像中個別的物體作進一步的處理或萃取特徵。

下圖可以看到完整的程序；

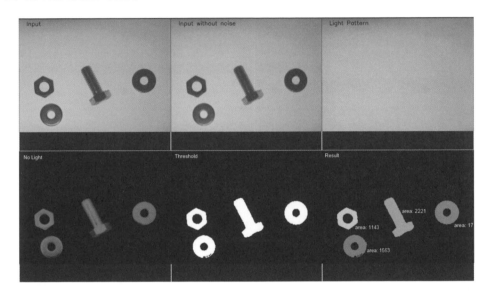

最後，程式從影像中萃取出所有的物體。下一章將利用萃取出的物體資訊，取得各個物體的特徵，以訓練機器學習系統。

下一章要試著預測影像中物體的分類，呼叫機器人或其他系統撿取其中的物體，或是偵測物體是否在正確的輸送帶上，並通知負責人員撿取。

6
學習物體分類

在第 5 章「**自動光學檢查、物體分割與偵測**」介紹了物體分割與偵測的基本概念，能夠獨立出影像中的物體供後續處理與分析之用。本章介紹分類這些獨立出來的物體的方法，為了分類各個物體，必須先訓練使用的系統，讓系統學習必要的參數以能夠（依據訓練階段考慮到的類型）對每個物體加上適當的標記（label）。

本章介紹使用機器學習分類影像，並加上標記的基本概念。本章會依據第 5 章「**自動光學檢查、物體分割與偵測**」所介紹的分割演算法建立基本的應用程式。分割演算法會抽取出影像裡包含未知物件的部份，接著取得每個物件的特徵，使用機器學習演算法（machine learning algorithm）分類。最後能夠在使用者介面中利用標記，將程式從影像中偵測到的每個物件呈現給使用者。

以下是本章會介紹的不同主題與演算法：

- 簡介機器學習的概念
- 常見的機器學習演算法與程序
- 特徵萃取
- 支援向量機（SVM）
- 訓練與預測

技術要求

讀者需要熟悉基本的 C++ 程式語言，本章的所有程式碼都可以從以下的 GitHub 網址 取 得：https://github.com/PacktPublishing/Learn-OpenCV-4-By-Building-Projects-Second-Edition/tree/master/Chapter_06。程式碼應該可以在所有的作業系統執行，但筆者只有在 Ubuntu 上測試。

讀者可以在以下網址的影片中看到程式實際執行的效果：
http://bit.ly/2KGD4CO

機器學習概念介紹

「機器學習」（machine learning）是在 1959 年由 *Arthur Samuel* 定義的概念，將機器學習定義為「讓電腦有能力學習，不需要撰寫特定程式的研究領域」。*Tom. M. Mitchel* 之後給了機器學習更正式的定義，將樣本或經驗、標記（label）以及演算法的效能評估（performance measurements）等概念連結在一起。

> *Arthur Samuel* 提 出 的「**機 器 學 習**」定 義 可 以 參 考《*IBM Journal of Research and Development*》（*Volumn：3，Issue：3*） 第 210 頁 的〈*Some Studies in Machine Learning Using the Game of Checkers*〉。同年的《*The New Yorker*》以及《*Office Management*》也介紹了這篇文章。
>
> 由 *Tom M. Mitchel* 所 提 出 的 更 正 式 的 定 義 可 以 參 考《*Machine Learning Book*》，*McGray Hill*，1997 年（http://www.cs.cmu.edu/afs/cs.cmu.edu/user/mitchell/ftp/mlbook.html）。

機器學習包含了樣式辨識（pattern recognition）以及人工智慧中的學習理論，也與計算統計學（computational statistics）有關。許多應用程式都會利用機器學習的技術，包含**光學字元辨識**（**OCR，Optical Character Recognition**）、垃圾信過濾（spam filter）、搜尋引擎以及成千上萬的電腦視覺應用程式，本章要開發的應用程式也是其中之一，會利用電腦學習演算法分類出現在輸入影像中的物體。

電腦學習演算法依據演算法從資料或樣本的學習方式，可以分為以下三類：

- **監督式學習**（**supervised learning**）：電腦從一組事先標記的資料學習，目標是學習模型中的參數與規則，讓電腦能夠找出資料與輸出的標記之間的關係。

- **無監督學習（unsupervised learning）**：不給予任何標記，讓電腦自己試著從輸入的資料中找出結構。
- **加強學習（reinforcement learning）**：電腦與動態環境互動試著達到目標，從錯誤中學習與達成目標。

依據想要從機器學習達到的目的來看，可以將結果分為以下幾類：

- **分類（classification）**：輸入空間被分割為 N 個種類（class），給定樣本的預期結果是其中的一個種類。這是最常出現的類型，電子郵件的垃圾郵件過濾就是很典型的例子，只分為兩類：垃圾郵件（spam）與非垃圾郵件（non spam）。另一個例子是 OCR，包含 N 個不同字母，每個字母就是一個種類。
- **迴歸（regression）**：輸出結果是連續數值而不是像分類問題般的離散數值，依據提供的房屋大小、屋齡與地點預測房價就是這類問題的例子。
- **叢集（clustering）**：將輸入資料分為 N 個群組（group），通常會使用無監督學習。
- **密度估計（density estimation）**：找出輸入資料的（機率）密度（probability density）。

本章的範例會使用監督式學習分類演算法，利用訓練資料集（與標記）訓練模型，再使用產出的模型預測出可能的標記。機器學習有許多不同的手法與方式，比較常見的有：**支援向量機（SVM，support vector machines）**、**人工類神經網路（ANN，artifical neural network）**、**叢集**、**K-N**earest Neighbors、決策樹（decision trees）與深度學習。這些方法在 OpenCV 中都提供了支援、實作，也提供完善的文件，本章要介紹的是支援向量機。

OpenCV 機器學習演算法

OpenCV 實作了八種的機器學習演算法，全都繼承了 StatModel 類別：

- 人工類神經網路（artificial neural networks）
- Random trees
- Expectation maximization
- k-nearest neighbors
- Logistic regression
- Normal Bayes classifier

- 支援向量機（support vector machine）
- 隨機梯度 SVM（Stochastic gradient descent SVM）

第三版對深度學習只提供基本的支援，但第四版更穩定也提供了更多的支援，在後續章節裡會更深入深度學習的細節。

 如果讀者想要知道這些演算法的細節，可以參考 OpenCV 的機器學習文件，網址是 http://docs.opencv.org/trunk/dc/dd6/ml_intro.html。

下圖中可以看到機器學習類別的階層結構：

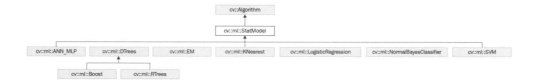

StatModel 類別是所有機器學習演算法的基底類別，提供所有讀寫機器學習參數與訓練資料的讀取與寫入函式。

機器學習中最耗費時間且需要最多計算資源的是訓練，訓練需要的時間可以短到幾秒鐘，而對大量資料與複雜的機器學習結構則可能是幾個星期到幾個月之久。例如深度學習裡，大型類神經網路結構搭配超過 100,000 個影像資料集就是如此。深度學習演算法經常會使用平行硬體處理以縮短訓練所需的時間，例如 GPU 或影像卡搭配 CUDA 技術。也就是說不能每次執行程式時都重新訓練一次演算法，比較建議的方式是在訓練完成之後儲存學習到的模型。儲存所有學到的參數，以後要執行程式時，只需要載入／讀取之前儲存的模型，除了要用更多的資料更新模型之外，不用重複先前做過的訓練。

除了深度學習方法之外，StatModel 是包含 SVM 與 ANN 在內，所有機器學習類別的基底類別，StatModel 是個虛擬類別，定義了兩個最重要的函式：train 與 predict。train 方法是負責使用訓練資料集學習模型參數的主要方法，有以下三種不同的呼叫方式：

```
bool train(const Ptr<TrainData>& trainData, int flags=0 );
bool train(InputArray samples, int layout, InputArray responses);
Ptr<_Tp> train(const Ptr<TrainData>& data, int flags=0 );
```

參數說明如下：

- TrainData：訓練用的資料，來源可能是從外部載入或是透過 TrainData 類別建立，這是 OpenCV3 新加入的類別，能協助開發人員建立訓練資料，並將訓練資料與機器學習演算法抽象化。這個做法是因為 ANN 等演算法在訓練與預測時需要不同類型結構的陣列。

- samples：符合機器學習演算法對訓練陣列樣本所形成的陣列，其中訓練陣列樣本需滿足機器學習演算法對訓練資料的要求。

- layout：ROW_SAMPLE（訓練樣本是矩陣的列）與 COL_SAMPLE（訓練樣本是矩陣的行）。

- responses：對應各樣本資料得到的回應所形成的 vector。

- flags：選用的旗標值，依各方法有不同的定義。

最後一個 train 方法訓練並建立 _TP 類別類型的模型，只能夠接受實作沒有任何參數的靜態建立方法的類別，其中靜態建立方法不能有任何參數，或所有參數都有預設值。

predict 方法就簡單多了，只有一種呼叫方式：

```
float StatMode::predict(InputArray samples, OutputArray
results=noArray(), int flags=0)
```

參數說明如下：

- samples：要使用模型預測的輸入樣本，進行預測的資料可以只有一組，也可以是多組資料。

- results：每個輸入樣本列的結果（依據先前訓練後的模型搭配演算法計算而得）。

- flags：依據模型而使用的選用旗標，如 Boost 與 SVM 等模型會認識 StatModel::RAW_OUTPUT 旗標，能夠讓這個方法傳回原始結果（加總）而非類別的標記。

StatModel 類別提供了其他一些十分有用的方法，介紹如下：

- isTrained()：如果模型已經訓練過會傳回 true

- isClassifier()：如果模型是分類器（classifier）會傳回 true，迴歸的話則傳回 false

- getVarCount()：傳回訓練樣本的變數個數

- save(const string& filename)：將模型儲存到指定的檔名

- Ptr<_Tp> load(const string& filenaem)：從指定的檔案載入 <indexentry content="StatModel class:Ptr load(const string& filename)"> 模型，如 Ptr<SVM> svm = StatModel::load<SVM>("my_svm_model.xml")

- calcError(const Ptr<TrainData>& data, bool test, OutputArray resp)：計算測試資料的誤差（error），其中 data 是訓練用的資料，要是 test 值為 true，方法會計算所有訓練資料裡的測試子集合的誤差，否則只會使用資料的訓練子集合計算，最後 resp 是用來輸出結果的非必要參數。

接下來看看如何建立使用機器學習的基本電腦視覺應用程式吧。

電腦視覺與機器學習流程

使用機器學習的電腦視覺應用程式都有類似的基本結構，基本結構可分為幾個步驟：

1. **前置處理**
2. **分割**
3. **特徵萃取**
4. **分類結果**
5. **後處理**

除了少數應用程式會省略一些步驟之外，幾乎所有的電腦視覺應用程式裡都會出現這些步驟，下圖就是這個結構裡所包含的步驟：

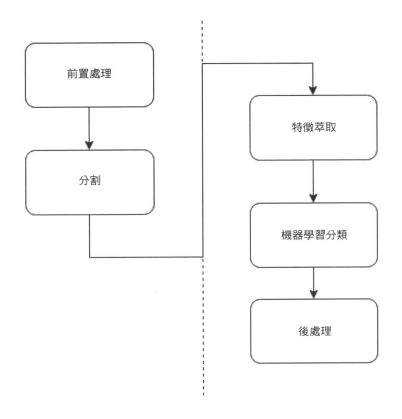

幾乎所有的電腦視覺應用程式一開始都必須對輸入的影像作 **前置處理**（**pre-process**），前置處理包含了移除照明條件與雜訊、過濾、模糊等等。對輸入的影像作完所有的前置處理步驟之後，第二階段就是 **分割**（**segmentation**），在分割階段需要萃取影像中感興趣的部份，將每個部份獨立為個別的物體。例如，人臉偵測系統就需要將臉部與畫面的其他部份分離。取得影像中的物體之後會進入下一個階段，這個階段會萃取每個偵測到物體的特徵，通常特徵是物體的特質（characteristic）形成的向量，每個特質都是物體的描述，包含了物體的面積、輪廓、紋路模式等等。

這樣就有了物體的描述子，也稱為特徵向量（feature vector）或特徵集（feature set），描述子描述了物體的特徵，程式會利用描述子訓練系統模型或進行預測。為了能夠做到這些事，必須要先對上百、上千甚至是上萬的影像做過前置處理，接著開發人員會在選用的 **Train** 模型函式裡使用這些萃取出來的特性（影像／物體特性），如面積、大小與長寬比。在以下的圖表裡可以看到資料集會餵進**機器學習演算法**（**Machine Learning Algorithm**），訓練並**產生**（**generate**）**模型**（**Model**）：

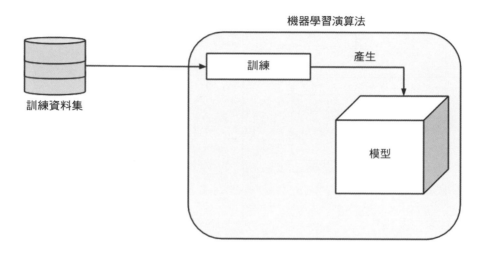

用資料集「**訓練**」的時候，「**模型**」會學到預測所需的所有參數，能夠在包含未標記的特徵向量進入演算法時，預測出適當的結果，在以下的圖表中，可以看到「**預測**」（**Predict**）使用產生出來的「**模型**」預測未知的向量，接著傳回「**分類結果**」（**Classification result**）或迴歸：

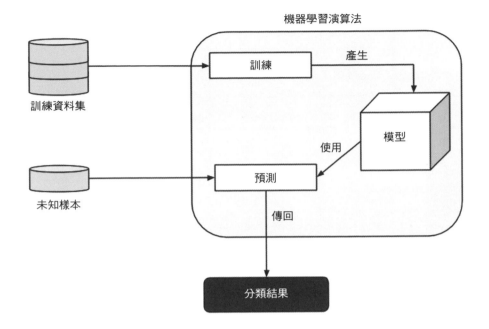

有時候在取得預測結果之後,還需要對輸出的資料作後處理,例如合併多個分類結果以降低預測誤差,或是合併多個標記。光學文字識別就是個很好的例子,分類的結果是個別的字元,必須合併字元辨識的結果才能夠重建原先的字彙,這也表示能夠透過後處理程序修正偵測字彙的錯誤。簡單的介紹電腦視覺使用機器學習的方式之後,接著要介紹的是利用機器學習分類輸送帶上物體的應用程式實作,實作會使用支援向量機作為分類的方法,並介紹支援向量機的使用方式。其他的機器學習演算法使用方式都很類似,OpenCV 的文件裡對所有的機器學習演算法都提供了詳盡的資訊(https://docs.opencv.org/master/dd/ded/group__ml.html)。

自動物體檢查分類範例

第 5 章「自動光學檢查、物體分割與偵測」介紹了自動物體檢查切割範例，範例假設輸送帶上會有三種不同類型的物體（螺絲、螺帽與墊圈），利用電腦視覺能夠識別每種不同的物體，通知機器人或將物體分配到不同的盒子。以下是輸送帶的圖示：

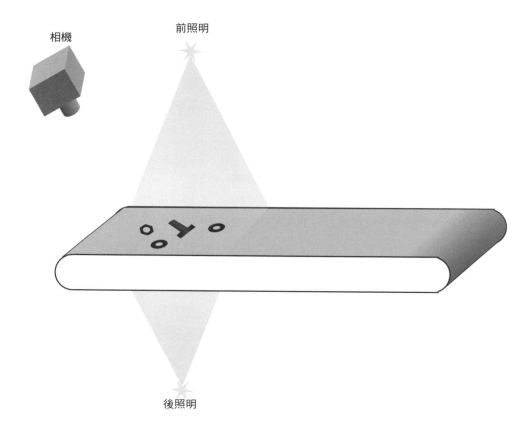

第 5 章「自動光學檢查、物體分割與偵測」已經對輸入影像作了前置處理,萃取出影像中感興趣的部份,並使用多種不同的技巧分離出個別物體。接下來的範例要說明上一節介紹的所有概念,使用這些概念抽取特徵,分類各個物體,讓機器人能夠將每個物體放到不同的盒子裡。在範例應用程式裡只會在影像裡顯示每個物體的標記,實務上可以將物體的位置與標記傳送給機器人等外部設備。我們的目標是從包含多個物體的輸入影像裡,讓電腦偵測物體,在影像中顯示每個物體的名稱,就像以下的圖片。但要了解完整程序的每個步驟,需透過特徵分布的樣本訓練要使用的系統,用不同的顏色呈現結果,同時也會顯示前置處理後的影像,以及取得分類結果後的輸出。最終結果如下圖:

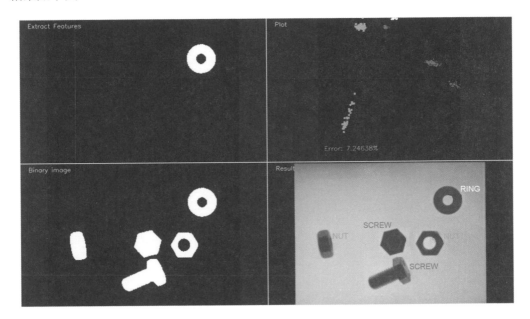

本章的範例程式會執行以下的步驟:

1. 對於每張訓練用的影像:

   · 對影像作前置處理

   · 分割影像

2. 對於影像中的每個物體

- 抽取物體的特徵
- 將特徵加入有對應標記（螺絲、螺帽與墊圈）的訓練特徵向量

3. 建立 SVM 模型

4. 使用訓練特徵向量訓練上一個步驟建立的 SVM 模型

5. 前置處理要進行分類的輸入影像

6. 分割輸入影像

7. 對每個偵測到的物體：

- 抽取物體的特徵
- 用 SVM 模型預測
- 塑模
- 在輸出影像描繪結果

針對前置處理與分割兩個步驟會使用第 5 章「*自動光學檢查、物體分割與偵測*」中討論過的程式碼，接下來會介紹抽取特徵，以及建立以模型訓練與預測時需要使用的向量的方式。

特徵抽取

接著需要抽取每個物體的特徵，為了了解特徵向量（feature vector）的概念，範例會抽取十分簡單的特徵，但這些簡單的特徵已經能夠獲得很好的結果；其他的解決方案可以抽取更為複雜的特徵，例如紋理描述子、輪廓描述子等等。接下來的範例只會考慮放在不同位置與方向的三種物體：螺帽、墊圈以及螺絲。同樣的物體可以放在任何位置，以任何方向放置，例如從下圖中可以看到螺帽與螺絲以不同的方向放置：

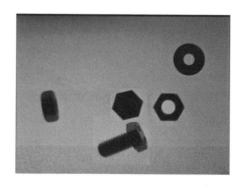

以下介紹一些能幫助電腦辨別個別物體的良好特徵，我們考慮的不同物體（螺絲、螺帽與墊圈）潛在的特徵如下：

- 物體的區域
- 長寬比（aspect ratio），也就是定界框（bounding rectangle）的寬除以長的商
- 空洞的個數
- 輪廓的邊數

這些特徵都能夠很適當的描述物體，全部使用時能讓誤差降到很低。但在本章的實作範例裡只用了前兩個特徵，區域與長寬比，這是因為兩個參數的關係能夠呈現在二維圖表中，讀者可以從二維圖表中看出數值與物體的關係，也就是這兩個數值能夠正確的描述物體。程式的輸入是目標區域（ROI）的黑／白影像，並假設物體是以白色呈現在黑色背景上，在第 5 章「**自動光學檢查、物體分割與偵測**」提過，這個輸入檔是分割後的結果，以下範例的 ExtractFeatures 函式使用 findContours 演算法分割物體，達成目標：

```cpp
vector< vector<float> > ExtractFeatures(Mat img, vector<int>* left=NULL,
vector<int>* top=NULL)
{
  vector< vector<float> > output;
  vector<vector<Point> > contours;
  Mat input= img.clone();
  vector<Vec4i> hierarchy;
  findContours(input, contours, hierarchy, RETR_CCOMP, CHAIN_APPROX_
SIMPLE);
  // 檢查偵測到的物體數量
  if(contours.size() == 0){
    return output;
  }
  RNG rng(0xFFFFFFFF);
  for(auto i=0; i < contours.size(); i++){
    Mat mask= Mat::zeros(img.rows, img.cols, CV_8UC1);
    drawContours(mask, contours, i, Scalar(1), FILLED, LINE_8, hierarchy,
1);
    Scalar area_s= sum(mask);
    float area= area_s[0];

    if(area>500){  // 如果 area 大於 min
      RotatedRect r= minAreaRect(contours[i]);
```

```
        float width= r.size.width;
        float height= r.size.height;
        float ar=(width<height)?height/width:width/height;

        vector<float> row;
        row.push_back(area);
        row.push_back(ar);
        output.push_back(row);
        if(left!=NULL){
            left->push_back((int)r.center.x);
        }
        if(top!=NULL){
            top->push_back((int)r.center.y);
        }
        // 將影像加入多影像視窗類別，參看 github 的完整程式碼
        miw->addImage("Extract Features", mask*255);
        miw->render();
        waitKey(10);
      }
    }
    return output;
  }
```

接下來說明抽取特徵的程式碼，這段程式建立一個有三個參數的函式，一個表示輸入影像的輸入參數，另兩個是輸出參數，傳回兩個向量，分別表示從輸入影像中偵測到的物體左上角的 X、Y 位置，後續會在這個位置描繪每個物體對應的標記，函式的輸出是由浮點數向量構成的向量，也就是一個有兩列的矩陣，矩陣內容是每個偵測到物體的特徵值。

首先建立輸出向量變數，以及尋找輪廓分割演算法會用到的輪廓變數。因另外因為 OpenCV 的 findContours 函式會更動輸入影像，也得建立輸入影像的複本：

```
    vector< vector<float> > output;
    vector<vector<Point> > contours;
    Mat input= img.clone();
    vector<Vec4i> hierarchy;
    findContours(input, contours, hierarchy, RETR_CCOMP, CHAIN_APPROX_
SIMPLE);
```

接著使用 findContours 函式取得影像中的每個物體，要是沒有偵測到任何輪廓，就傳回空的輸出矩陣，如下列程式碼：

```
if(contours.size() == 0){
    return output;
}
```

如果有偵測到物體，對每個找到的輪廓，會在黑色（0 值）的影像上用白色描繪出物體，描繪時與遮罩一樣使用 1 值。以下的程式碼會產生遮罩影像：

```
for(auto i=0; i<contours.zie(); i++){
    Mat mask= Mat::zeros(img.rows, img.cols, CV_8UC1);
    drawContours(mask, contours, i, Scalar(1), FILLED, LINE_8, hierarchy,
1);
```

在描繪形狀內側時使用數值 1 十分重要，如此一來，就能夠像以下程式碼一樣，只需要將輪廓內的所有數值加總，就能夠得到區域的面積：

```
    Scalar area_s= sum(mask);
    float area= area_s[0];
```

得到的面積就是第一個特徵，接下來要使用面積值作為濾鏡，移掉需要排除的小物體，所有小於特定面積的物體都會被忽略。通過過濾條件之後，接著要建立第二個特徵：物體的長寬比，將長或寬中的較大值除以較小值，這個特徵能夠輕易的區分螺絲與其他物體。以下程式碼說明了計算長寬比的方法：

```
if (area > MIN_AREA) {   // 如果面積(area)小於最小值
        RotatedRect r= minAreaRect(contours[i]);
        float width= r.size.width;
        float height= r.size.height;
        float ar=(width<height)?height/width:width/height;
```

這樣就得到了另一個特徵，接著只需要將特徵值加到輸出向量。所以要建立浮點數型別的列向量，加入兩個特徵，再將向量加到輸出向量，如以下程式碼：

```
vector<float> row;
row.push_back(area);
row.push_back(ar);
output.push_back(row);
```

要是有傳入 left 或 top 參數，就將左側與上方位置的數值加入輸出參數：

```
if(left!=NULL){
    left->push_back((int)r.center.x);
}
if(top!=NULL){
    top->push_back((int)r.center.y);
}
```

最後，開啟視窗顯示偵測到的物體，回饋使用者。當處理完影像中的所有物體之後，就會傳回輸出特徵向量，如以下的程式碼：

```
miw->addImage("Extract Features", mask*255);
miw->render();
waitKey(10);
    }
}
return output;
```

如此一來，就能夠萃取出每個輸入影像的特徵，接著可以進入下一個步驟。

訓練 SVM 模型

範例使用的是監控式學習模型，需要每種物體的影像及其對應的標記，資料集的最低數量並沒有限制，但是在訓練過程中提供愈多的影像，（在大多數情況下）就會得到更好的分類模型。對於簡單的模型來說，簡單的分類器就夠了。因此，要先建立三個目錄（screw、nut 以及 ring），將相同類型的影像放在同一個目錄之下。程式需要萃取目錄中每個影像的特徵值，將特徵值加入訓練特徵矩陣，同時還需要建立另一個向量存放對應到訓練矩陣每一列的標記。為了評估系統的狀況，我們將目錄中的影像分為測試用與訓練用兩個部份，留下大約 20 個影像作為測試用，其他影像則作為訓練用，接著需要分別為訓練與測試建立兩個矩陣與兩個儲存標記的向量。

接下來進入程式碼。首先建立模型，將模型變數宣告以全域變數宣告在所有函式之外，OpenCV 使用 Ptr 樣板作為指標管理之用：

```
Ptr<SVM> svm;
```

為新的 SVM 模型宣告指標之後，接著要建立與訓練 SVM 模型，為此建立了 trainAndTest 函式，完整程式碼如下：

```
void trainAndTest()
{
  vector< float > trainingData;
  vector< int > responsesData;
  vector< float > testData;
  vector< float > testResponsesData;

  int num_for_test= 20;

  // 取得 nut 影像
  readFolderAndExtractFeatures("../data/nut/nut_%04d.pgm", 0, num_for_
test, trainingData, responsesData, testData, testResponsesData);
  // 取得與處理 ring 影像
  readFolderAndExtractFeatures("../data/ring/ring_%04d.pgm", 1, num_for_
test, trainingData, responsesData, testData, testResponsesData);
  // 取得與處理 screw 影像
  readFolderAndExtractFeatures("../data/screw/screw_%04d.pgm", 2, num_
for_test, trainingData, responsesData, testData, testResponsesData);
  cout << "Num of train samples: " << responsesData.size() << endl;

  cout << "Num of test samples: " << testResponsesData.size() << endl;
  // 合併所有資料
  Mat trainingDataMat(trainingData.size()/2, 2, CV_32FC1,
&trainingData[0]);
  Mat responses(responsesData.size(), 1, CV_32SC1, &responsesData[0]);

  Mat testDataMat(testData.size()/2, 2, CV_32FC1, &testData[0]);
  Mat testResponses(testResponsesData.size(), 1, CV_32FC1,
&testResponsesData[0]);
  Ptr<TrainData> tdata= TrainData::create(trainingDataMat, ROW_SAMPLE,
responses);

  svm = cv::ml::SVM::create();
  svm->setType(cv::ml::SVM::C_SVC);
  svm->setNu(0.05);
  svm->setKernel(cv::ml::SVM::CHI2);
  svm->setDegree(1.0);
  svm->setGamma(2.0);
  svm->setTermCriteria(TermCriteria(TermCriteria::MAX_ITER, 100, 1e-6));
  svm->train(tdata);

  if(testResponsesData.size()>0){
    cout << "Evaluation" << endl;
    cout << "==========" << endl;
```

```
    // 測試 ML 模型
    Mat testPredict;
    svm->predict(testDataMat, testPredict);
    cout << "Prediction Done" << endl;
    // 計算誤差
    Mat errorMat= testPredict!=testResponses;
    float error= 100.0f * countNonZero(errorMat) / testResponsesData.
size();
    cout << "Error: " << error << "\%" << endl;
    // 描繪訓練資料與誤差標記
    plotTrainData(trainingDataMat, responses, &error);

  }else{
    plotTrainData(trainingdataMat, responses);
  }
}
```

接著說明程式細節。首先建立儲存訓練與測試資料需要的變數：

```
vector< float > trainingData;
vector< int > responsesData;
vector< float > testData;
vector< float > testResponsesData;
```

先前提過，程式需要讀取目錄裡的所有檔案，萃取特徵存到訓練與測試資料集，這需要使用 readFolderAndExtractFeatures 函式，使用方式如下：

```
int num_for_test= 20;
// 取得 nut 影像
readFolderAndExtractFeatures("../data/nut/nut_%04d.pgm", 0, num_for_
test, trainingData, responsesData, testData, testResponsesData);
// 取得與處理 ring 影像
readFolderAndExtractFeatures("../data/ring/ring_%04d.pgm", 1, num_for_
test, trainingData, responsesData, testData, testResponsesData);
// 取得與處理 screw 影像
readFolderAndExtractFeatures("../data/screw/screw_%04d.pgm", 2, num_
for_test, trainingData, responsesData, testData, testResponsesData);
```

readFolderAndExtractFeatures 函式使用 OpenCV 的 VideoCapture 函式，使用類似影片或相機的方式讀取目錄中所有的影像，接著程式萃取每張讀入影像的特徵，儲存到對應的輸出向量：

```
bool readFolderAndExtractFeatures(string folder, int label, int
num_for_test,
vector<float> &trainingData, vector<int> &responsesData,
```

```
    vector<float> &testData, vector<float> &testResponsesData)
{
  VideoCapture images;
  if(images.open(folder)==false){
    cout << "Can not open the folder images" << endl;
    return false;
  }
  Mat frame;
  int img_index=0;
  while(images.read(frame)){
    // 前置處理影像
    Mat pre= preprocessImage(frame);
    // 萃取特徵
    vector< vector<float> > features= ExtractFeatures(pre);
    for(int i=0; i< features.size(); i++){
      if(img_index >= num_for_test){
        trainingData.push_back(features[i][0]);
        trainingData.push_back(features[i][1]);
        responsesData.push_back(label);
      }else{
        testData.push_back(features[i][0]);
        testData.push_back(features[i][1]);
        testResponsesData.push_back((float)label);
      }
    }
    img_index++;
  }
  return true;
}
```

將特徵與標記存到向量之後，接下來將向量轉換為 OpenCV 的 Mat 格式，才能夠將資料送進 training 函式：

```
// 合併所有資料
Mat trainingDataMat(trainingData.size()/2, 2, CV_32FC1,
&trainingData[0]);
Mat responses(responsesData.size(), 1, CV_32SC1, &responsesData[0]);
Mat testDataMat(testData.size()/2, 2, CV_32FC1, &testData[0]);
Mat testResponses(testResponsesData.size(), 1, CV_32FC1,
&testResponsesData[0]);
```

到這個時候，就能夠建立與訓練機器學習的模型。先前提過這次要使用支援向量機，先設定模型的基本參數如下：

```
// 設定 SVM 參數
svm = cv::ml::SVM::create();
svm->setType(cv::ml::SVM::C_SVC);
svm->setNu(0.05);
```

```
svm->setKernel(cv::ml::SVM::CHI2);
svm->setDegree(1.0);
svm->setGamma(2.0);
svm->setTermCriteria(TermCriteria(TermCriteria::MAX_ITER, 100, 1e-6));
```

現在要定義 SVM 類型、使用 kernel 以及停止學習程序的條件，本章的範例會使用最大數量的迭代，在第 100 次迭代時停止。OpenCV 的文件對每個參數與其作用都有詳細的介紹，可以參考以下網址 https://docs.opencv.org/master/d1/d2d/classcv_1_1ml_1_1SVM.html 的文件。建立設定參數後接著呼叫 train 方法，呼叫時要傳入 TrainData 物件，TrainData 物件是由 trainingDataMat 以及回應矩陣構成：

```
// 訓練 SVM
svm->train(tdata);
```

程式（透過將 num_for_test 變數設為大於零的值）使用測試向量取得模型的近似誤差（approximation error），誤差估計實際的作法是對所有的測試向量特徵進行預測，再比較 SVM 預測的結果與原始的標記，取得兩者間的差異：

```
if(testResponsesData.size()> 0){
    cout << "Evaluation" << endl;
    cout << "==========" << endl;
    // 測試 ML 模型
    Mat testPredict;
    svm->predict(testDataMat, testPredict);
    cout << "Prediction Done" << endl;
    // 計算誤差
    Mat errorMat= testPredict!=testResponses;
    float error= 100.0f * countNonZero(errorMat) / testResponsesData.
size();
    cout << "Error: " << error << "\%" << endl;
    // 描繪訓練資料與誤差標記
    plotTrainData(trainingDataMat, responses, &error);
  }else{
    plotTrainData(trainingDataMat, responses);
  }
```

範例透過 testDataMat 特徵使用 predict 函式，並提供新的 Mat 記錄預測的結果，只要傳入的是向量而不是單列資料，就能夠讓 predict 函式一次進行多個預測。預測完成之後，只需要計算 testPredict 與 testResponses（原始的標記）間的差異，要是有差異，就計算差異個數，將差異個數除以測試總數就是誤差。

也可以使用新的 `TrainData` 類別產生特徵向量與樣本,將訓練資料分為測試與訓練用的向量。

最後需要透過二維圖表呈現訓練資料,圖表中的 y 軸是長寬比特徵,x 軸則是物體的面積。每個點使用不同的顏色與形狀(十字、方格與圓形)代表不同類型的物體,讀者可以從下圖清楚的看出各組的物體:

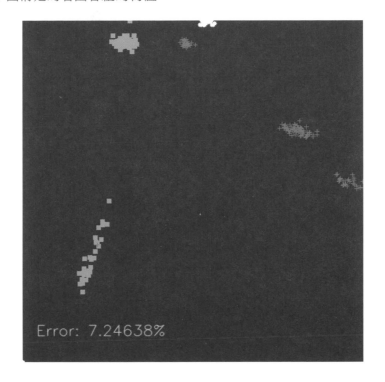

現在只差最後一步就能夠完成程式,已經訓練好的 SVM 模型會用來作為分類模型,以偵測新輸入的未知特徵。接下來就是要預測未知物體的輸入影像。

輸入影像預測

接下來可以解釋主函式了,主函式負責載入輸入影像並預測出現在影像裡的物體。我們會使用像下圖這樣的圖片作為輸入影像,影像中包含了多種不同的物體,這些物體沒有任何標記或名稱,電腦必須能夠識別圖中出現的物體:

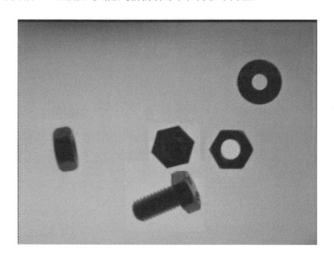

與所有的訓練影像一樣,必後透過以下的步驟載入並對輸入影像作前置處理:

1. 首先載入影像並轉換為灰階值

2. 接著進行第 5 章「自動光學檢查、物體分割與偵測」介紹的前置處理 preprocessImage 函式:

   ```
   Mat pre= preprocessImage(img);
   ```

3. 接下來,使用先前介紹的 ExtractFeatures 函式萃取所有出現在影像中的物體特徵及其左上角位置:

   ```
   // 萃取特徵
   vector<int> pos_top, pos_left;
   vector< vector<float> >
   features=ExtractFeatures(pre, &pos_left, &pos_top);
   ```

4. 將每個偵測到的物體儲存為新的特徵列,再將每個特徵列轉換為一列、兩個特徵向量的 Mat 物件:

   ```
   for(int i=0; i< features.size(); i++){
       Mat trainingDataMat(1, 2, CV_32FC1, &features[i][0]);
   ```

5. 接下來，就能夠使用 StatModel SVM 的 predict 函式預測單個物體，預測結果的浮點數代表了偵測到物體的標記。接著，在應用程式結束之前，還需要在輸出影像中畫出每個被偵測且分類物體的標記：

```
float result= svm->predict(trainingDataMat);
```

6. 程式使用 stringstream 儲存文字，並使用 Scalar 儲存每個不同標記的顏色：

```
stringstream ss;
Scalar color;
if(result==0){
  color= green;        // NUT（螺帽）
  ss << "NUT";
}else if(result==1){
  color= blue;         //RING（墊圈）
  ss << "RING";
}else if (result==2){
  color= red;          //SCREW（螺絲）
  ss << "SCREW";
}
```

7. 另外還要利用由 ExtractFeatures 函式取得的位置，將標記文字描繪在每個物體旁：

```
putText(img_output,
        ss.str(),
        Point2d(pos_left[i], pos_top[i]),
        FONT_HERSHEY_SIMPLEX,
        0.4,
        color);
```

8. 最後，將結果畫到輸出視窗：

```
miw->addImage("Binary image", pre);
miw->addImage("Result", img_output);
miw->render();
waitKey(0);
```

應用程式最終的輸出是四個並排的畫面,其中左上角的影像是輸入訓練影像,右上角是描繪訓練結果的影像,左下角是輸入進行分析的影像,而右下角則是最終的預測結果:

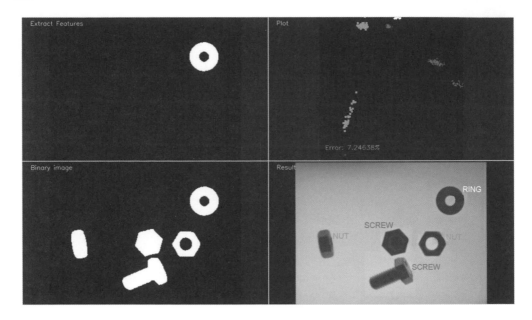

小結

本章學到了基本的機器學習模型,並透過簡單的範例程式了解自行建立 ML 應用程式需要的基本知識。機器學習十分複雜,每個使用案例(受監督學習、未監督學習、分類等等)都包含不同的技巧。

我們也學會建立最典型的機器學習應用程式,使用 SVM 進行監督學習。監督機器學習最重要的概念是:需要有適當數量的樣本或資料集,開發人員需要選擇能夠正確描述目標物體的特徵(第 8 章「**影像監控、背景塑模以及形態學運算**」會對影像特徵作進一步的介紹);還有是選擇能夠得到最佳預測的最好模型。

如果無法得到正確的預測,就需要檢查上述各點,以找出問題的原因。

下一章會介紹背景相減法,這個方法對影像監控應用程式十分有用,能夠消除所有無關、必須忽略的背景,便於分割要分析的目標物體。

7

偵測人臉部份與覆蓋遮罩

在第 6 章「*學習物體分類*」，讀者學到使用機器學習分類物體的方法，本章要介紹偵測與追蹤人臉的不同部份。先從了解人臉偵測管線以及從無到有建立管線開始，接著會使用建立好的框架偵測人臉的不同部份：眼睛、耳朵、嘴巴與鼻子，最後會學到在即時影片中對人臉的特定部份（face part）加上趣味遮罩的方法。

讀完本章，讀者應該能夠熟悉以下主題：

* 認識 Haar 級聯（cascade）
* 積分影像（integral image）與需要積分影像的原因
* 建立通用的人臉偵測管線
* 從網路相機的即時影像串流追蹤臉孔、眼睛、耳朵、鼻子或嘴巴
* 自動在影片的人臉覆蓋上面具、太陽眼鏡或搞笑的鼻子

技術要求

讀者需要熟悉基本的 C++ 程式語言，本章的所有程式碼都可以從以下的 GitHub 網址取得：https://github.com/PacktPublishing/Learn-OpenCV-4-By-Building-Projects-Second-Edition/tree/master/Chapter_07。程式碼應該可以在所有的作業系統執行，但筆者只有在 Ubuntu 上測試。

讀者可以在以下網址的影片中看到程式實際執行的效果：
http://bit.ly/2SlpTK6

認識 Haar 級聯

Haar 級聯（Haar cascade）是以 Haar 特徵（Haar feature）為基礎的級聯分類器（cascade classifier），級聯分類器又是什麼？聯級分類器就只是將一組弱分類器（weak classifier）互相連結，能夠透過這種方式產生的強分類器（strong classifier）。那分類器的「**強**」與「**弱**」又代表什麼意義？弱分類器是指效用有限的分類器，這種分類器沒辦法正確的分類所有的東西，要是能將問題縮限到十分簡單的狀態，這種分類器就能夠得到可以接受的結果；另一方面，強分類器能夠很正確的分類輸入的資料；接下來會更詳細的說明彼此的關係。Haar 級聯的另一個重點是 **Haar 特徵**，這種特徵只是影像中的矩形像素和，以及這些區域在影像不同位置的差。以下圖為例：

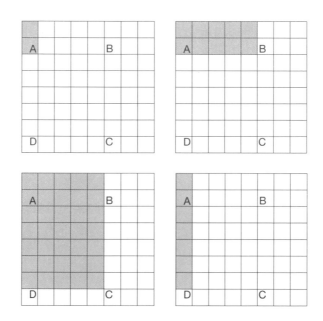

如果想要計算 ABCD 區域的 Haar 特徵，只需要計算區域內藍色像素與白色像素兩者間的差。在以上的四個圖裡用了四種不同的模式建立 Haar 特徵，還有許多可以使用的模式，我們會在多種尺度（multiple scales）進行上述程序，以確保系統不會受到尺度影響。所謂的多重尺度就只是將影像縮小後計算相同的特徵，這樣的方式能讓系統適應相同物體的各種尺寸變化。

事實上，這樣的級聯系統是偵測影像中物體非常好的方法，在 2001 年，Paul Viola 與 Michael Jones 發表了一篇研討會論文，介紹一種快速又有效的偵測物體的方法。要是讀者想要對這個方法有更深入的了解，可以在以下網址看到原始論文：

http://www.cs.ubc.ca/~lowe/425/slides/13-ViolaJones.pdf

讓我們進一步看看實際上做了什麼事，基本上是透過演算法強化簡單分類器的級聯，讓系統產生效果很好的強分類器。為什麼要使用簡單的分類器而不直接使用能得到更正確結果的複雜分類器呢？呃，使用這個技巧的目的就是為了避免建立精確度的單一分類器時所必須面對的問題，這些單一步驟的分類器大都十分複雜，需要大量的運算，而他們提出的方法能夠有效的原因正是在於簡單的分類器可以是弱學習者，也就表示不會太過複雜。以建構桌子偵測器為例，目標是建立一個能夠自動學習桌子的樣子的系統，讓訓練好的系統能夠依據學到的知識，識別出任何影像中是否出現桌子。建構這個系統的第一步是收集能夠用來訓練系統的影像，在機器學習領域有許多技巧能夠用來訓練這樣的系統，請記得想要系統有良好的效果，就必須同時收集有桌子與沒有桌子的影像。以機器學習的術語，有桌子的影像稱為 **正樣本（positive sample）** 而沒有桌子的影像稱為 **負樣本（negative sample）**，系統會吞下這些資料，學會分辨兩者間的不同。為了建立即時（real-time）系統，必須讓分類器盡量簡單、良好，唯一的問題在於簡單的分類器正確性大都不高，一旦提高正確率，往往又會讓分類器需要大量計算，增加運算時間。在機器學習領域經常需要面對這類在正確率與速度之間的取捨，克服這個問題的方式是串聯多個弱分類器，利用多個弱分類器建立強又通用的分類器。弱分類器不需要有很高的正確率，為了確保整個分類器的品質，Viola 與 Jones 提出了一個在級聯步驟十分巧妙的手法，讀者可以從論文中了解完整的系統。

認識基本的管線之後，接下來要看看如何建立能夠從即時影像中辨識人臉的系統，第一步是從所有的影像中萃取特徵。以這個例子來說，演算法需要特徵學習人臉的樣子，論文中使用 Haar 特徵建立特徵向量，一旦萃取出特徵向量，就可以傳入分類器的級聯，只需要檢查所有不同的矩形範圍，持續忽略沒有人臉的部份。如此一來，很快就能夠得到最後的答案，知道特定矩形是否包含人臉。

積分影像是什麼？

為了萃取必要的 Haar 特徵，必須要計算影像中許多矩形區域的像素值和，而為了讓特徵值不會受到尺度的影響，就必須要在多種尺度（也就是不同的矩形大小）計算這些區域。實作得不好就會成為需要大量計算的程序，必須對每個矩陣的每個像素迭代，要是有像素位於不同矩陣重疊的位置，就得重複計算相同的像素值。建立即時系統時沒辦法花費這麼大量的計算時間，必須想辦法避免對相同像素多次迭代所造成的大量重複運算。這種情況可以使用所謂的積分影像（integral images），這類影像可以在線性時間初始化完成（只需要對相同的影像重複兩次迭代），接著只需要讀取四個值就能夠得到任何矩形區域像素值的加總。以下圖為例：

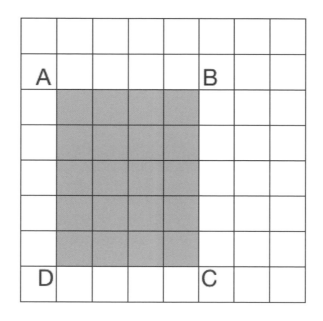

想要計算影像中任何矩形的面積，並不需要對區域內的所有像素迭代。考慮所有以左上角與影像中任何一點 P 為兩個對角端點的矩形，用 A_p 表示這個矩形的面積。例如上圖中，A_B 表示由圖左上角與 **B** 所形成的 5×2 的矩形，從下圖能看得更清楚：

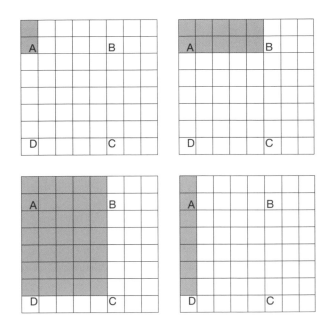

先注意上圖中的左上圖，藍色像素區域表示左上角像素與 **A** 點間的面積，用 A$_A$ 表示。其他三個圖分別用 A$_B$、A$_C$ 與 A$_D$ 表示，要是想要計算上圖中 ABCD 所形成的矩形面積，只需要使用以下的公式：

ABCD **的矩形面積** $= A_C - (A_B + A_D - A_A)$

這個公式有什麼特別的地方？先前提過，要從影像中萃取 Harr 特徵需要計算這些和，而且必須對影像中大量的矩形用不同的尺度計算，因為迭代過程中會一再的使用相同的像素，整個運算過程會有大量的重複，導致運算十分緩慢，不適合即時系統使用，因此需要使用這個公式。從公式中可以看到不需要對相同的像素作多次的迭代，想要計算任何矩形的面積時，等號右側所需要的所有數值都已經在積分圖形中算完，只需要讀取正確的數值，代入公式，就能夠得到特徵值。

在即時影片覆蓋面具

OpenCV 提供了很好的人臉偵測框架，開發人員只需要載入級聯檔案，就能夠偵測影像中的人臉。當程式從 webcam 捕取影片串流時，就能夠在自己的臉上加上搞笑的面具，看起來就像是這樣：

先介紹程式的主要部份，看看在輸入影像串流中的人臉覆蓋面具的主要程序。完整的程式碼請參考本書隨附的下載附件：

```
#include "opencv2/core/utility.hpp"
#include "opencv2/objdetect/objdetect.hpp"
#include "opencv2/imgproc.hpp"
#include "opencv2/highgui.hpp"

using namespace cv;
using namespace std;

...

int main(int argc, char* argv[])
{
```

```
string faceCascadeName = argv[1];
// 變數宣告與初始化
...
// 迭代直到使用者按 ESC 鍵
while(true)
{
    // 抓取當前畫格
    cap >> frame;
    // 調整畫格大小
    resize(frame, frame, Size(), scalingFactor, scalingFactor, INTER_
AREA);
    // 轉換為灰階
    cvtColor(frame, frameGray, COLOR_BGR2GRAY);
    // 均化直方圖
    equalizeHist(frameGray, frameGray);
    // 偵測人臉
    faceCascade.detectMultiScale(frameGray, faces, 1.1, 2, 0|HAAR_
SCALE_IMAGE, Size(30, 30) );
```

先停下來看看程式做了什麼，先從 webcam 讀入畫格（frame），縮放到預先選定的尺寸。捕捉到的畫格是彩色影像，但人臉偵測只適用於灰階影像，所以得將影像轉換為灰階並平衡色階分布（histogram），平衡色階分布是為了補償各種可能的問題，例如照明、飽和等等。影像太亮或太暗都可能影響偵測結果，所以必須先平衡色階分布，確保影像中的像素值在適當的範圍：

```
// 在人臉周圍描繪綠色矩形
for(auto& face:faces)
{
    Rect faceRect(face.x, face.y, face.width, face.height);
    // 調整參數讓遮罩與臉孔相符，讀者也許需要作些試驗
    int x = face.x - int(0.1*face.width);
    int y = face.y - int(0.0*face.height);
    int w = int(1.1 * face.width);
    int h = int(1.3 * face.height);
    // 萃取目標區域（ROI）覆蓋人臉
    frameROI = frame(Rect(x,y,w,h));
```

這時候已經知道人臉的位置，所以萃取出目標區域，將面具覆蓋到正確的位置上：

```
// 依據先前 ROI 維度調整人臉遮罩影像
resize(faceMask, faceMaskSmall, Size(w,h));
// 轉換以上影像為灰階
cvtColor(faceMaskSmall, grayMaskSmall, COLOR_BGR2GRAY);
// T對先前影像作閾值，獨立出只與人臉遮罩有關的像素
threshold(grayMaskSmall, grayMaskSmallThresh, 230, 255,
THRESH_BINARY_INV);
```

獨立出人臉面具相關的像素之後，接著要把面具蓋到影像上，讓蓋上去的物體盡可能的自然，接近物體的外觀，而不是像蓋上個矩形，接下來就開始蓋上面具吧：

```
// 反轉先前影像以建立遮罩 (不希望背景影像覆蓋)
bitwise_not(grayMaskSmallThresh, grayMaskSmallThreshInv);
// 使用逐位元"AND"運算子萃取人臉遮罩的精確邊界
bitwise_and(faceMaskSmall, faceMaskSmall, maskedFace,
grayMaskSmallThresh);
// 使用逐位元"AND"運算子覆蓋人臉遮罩
bitwise_and(frameROI, frameROI, maskedFrame,
grayMaskSmallThreshInv);
// 加上遮罩後影像，放到原始畫格 ROI 以產生最終影像
add(maskedFace, maskedFrame, frame(Rect(x,y,w,h)));
}
// 處理記憶體釋放與 GUI 相關程式

return 1;
}
```

程式碼做了什麼？

首先要注意的是上述程式碼需要兩個輸入參數：**人臉的級聯 XML** 檔案以及要覆蓋的**遮罩影像**（**mask image**），讀者可以使用本書附屬資料 resources 目錄下的 haarcascade_frontalface_alt.xml 與 facemask.jpg 檔。另外還需要能夠用來偵測影像中人臉的分類模型，OpenCV 為此提供了預先建置好的 XML 檔案，程式中使用 faceCascade.load() 載入 XML 檔，並檢查是否正確的載入檔案。程式初始化影像物件，從 webcam 抓取輸入畫格，接著將抓取到的影像轉為灰階以執行偵測。使用 detectMultiScale 函式取得輸入影像中所有人臉的邊界，依據需要可以利用函式的第二個參數縮小影像，縮小比是每個尺度間的差距，由於程式需要在多種尺度尋找人臉，下一個尺寸是目前尺寸的 1.1 倍大。最後一個參數用來指定維持目前矩形所需要的連結矩形個數閾值，可以用來強化人臉偵測器的強固性。接著程式進入 while 迴圈，持續檢查每個畫格中的人臉直到使用者按下 *Esc* 鍵。只要找到人臉，就在人臉覆蓋上遮罩，也許需要稍微調整一下偵測到的邊框大小，讓面具能夠更加符合，這樣的調整比較主觀，也會受到使用的遮罩影響。一旦萃取出目標區域（region of interest）之後，需要將遮罩覆蓋到區域上方，要是直接覆蓋上白色背景的 mask，會讓結果看起來很奇怪。必須取得遮罩本身的輪廓邊界再作遮蓋，希望只看到面具部份的像素，讓其他部份透明。

讀者可以看到輸入的遮罩是白色背景，需要先對遮罩影像作閾值運算，建立實際使用的遮罩，透過一些嘗試，可以發現以 240 為閾值的效果不錯，影像裡所有大於 240 的像素值都會變成 0，其他的像素值則會變成 255。只要影像中存在目標區，就需要移除區域中的像素，這只需要使用先前建立的反轉後的遮罩。最後一步只需要將加上遮罩的影像加回去，產生最後的輸出影像即可。

戴上太陽眼鏡

了解偵測人臉的方法之後，就可以將概念擴展到偵測人臉上的各個部份，接下來要使用睛睛偵測器在即時影像上覆蓋太陽眼鏡。重要的是知道 Viola-Jones 框架能夠應用到任何物體，結果的正確性與強固性取決於物體的獨特性。例如，人臉有很獨特的特徵，很容易訓練出很強固的系統，另一方面，毛巾之類的物體就太一般化，沒有太獨特的特徵，就很難建立出強固的毛巾偵測器。等建好了眼睛偵測器並蓋上太陽眼鏡後，看起來的結果就像這樣：

先看看程式碼的主體：

```
...
int main(int argc, char* argv[])
{
    string faceCascadeName = argv[1];
    string eyeCascadeName = argv[2];

    // 變數宣告與初始化
    ....
    // 人臉偵測程式
```

```
...
vector<Point> centers;
...
// 在眼睛周圍畫綠色圈圈
for( auto& face:faces )
{
    Mat faceROI = frameGray(face);
    vector<Rect> eyes;
    // 對每個人臉偵測眼睛
    eyeCascade.detectMultiScale(faceROI, eyes, 1.1, 2, 0 | CV_HAAR_
SCALE_IMAGE, Size(30, 30));
```

這裡可以看到程式裡只對人臉的區域執行眼睛偵測器，我們很清楚的知道眼睛一定在人臉的範圍裡，不需要在整張圖裡搜尋眼睛：

```
    // 對每個偵測到的眼睛計算中心
    for(auto& eye:eyes)
    {
        Point center( face.x + eye.x + int(eye.width*0.5), face.y +
eye.y + int(eye.height*0.5) );
        centers.push_back(center);
    }
}
// 只有在偵測到兩個眼睛才覆蓋太陽眼鏡
if(centers.size() == 2)
{
    Point leftPoint, rightPoint;
    // 找出左眼與右眼
    if(centers[0].x < centers[1].x)
    {
        leftPoint = centers[0];
        rightPoint = centers[1];
    }
    else
    {
        leftPoint = centers[1];
        rightPoint = centers[0];
    }
```

程式偵測到眼睛，儲存找到的眼睛位置，接著使用這些坐標決定左、右眼：

```
    // 調整參數讓太陽眼鏡符合人臉，可能需要作些實驗
    int w = 2.3 * (rightPoint.x - leftPoint.x);
    int h = int(0.4 * w);
    int x = leftPoint.x - 0.25*w;
    int y = leftPoint.y - 0.5*h;
    // 萃取覆蓋兩個眼睛的目標區域
```

```
            frameROI = frame(Rect(x,y,w,h));
            // 依據先前目標區域的大小調整太陽眼鏡
            resize(eyeMask, eyeMaskSmall, Size(w, h));
```

在上面這段程式裡，調整了太陽眼鏡的尺寸，讓太陽眼鏡的尺寸能夠符合 webcam 中的人臉，接下來看看剩下的程式碼：

```
            // 將先前影像轉換為灰階
            cvtColor(eyeMaskSmall, grayMaskSmall, COLOR_BGR2GRAY);
            // 套用閾值獨立出前景物體
            threshold(grayMaskSmall, grayMaskSmallThresh, 245, 255,
THRESH_BINARY_INV);
            // 反轉先前影像產生遮罩（不想讓背景影像覆蓋）
            bitwise_not(grayMaskSmallThresh, grayMaskSmallThreshInv);
            // 逐位元"AND" 運算子，萃取太陽眼鏡精確的邊界
            bitwise_and(eyeMaskSmall, eyeMaskSmall, maskedEye,
grayMaskSmallThresh);
            // 逐位元"AND"運算子覆蓋太陽眼鏡
            bitwise_and(frameROI, frameROI, maskedFrame,
grayMaskSmallThreshInv);
            // 加上先前的遮罩影像，放在原始畫格的目標區域產生最終影像
            add(maskedEye, maskedFrame, frame(Rect(x,y,w,h)));
    }

    // 釋放記憶體與 GUI 的程式碼

    return 1;
}
```

深入程式碼

讀者會發現程式碼的流程與先前「在即時影片覆蓋面具」一節的人臉偵測程式十分相似，先載入人臉偵測級聯分類子以及人眼偵測級聯分類子。偵測眼睛的時候為什麼還要載入人臉級聯分類子呢？實際上並不絕對需要人臉偵測器，只是人臉偵測器能夠幫助我們限定人眼所在的位置，我們都知道眼睛總會落在某個人的臉孔，可以將人眼偵測局限到人臉的範圍之內。第一步就會是先偵測人臉，接著再對人臉的範圍使用人眼偵測器的程式，由於運算的區域小了許多，執行起來會更快、更有效率。

對每個畫格都先偵測人臉,接著再對每個人臉的範圍偵測眼睛的位置,然後需要覆蓋上太陽眼鏡,這需要先調整太陽眼鏡影像的尺寸,讓太陽眼鏡的大小與人臉相符。為了適當的調整尺寸,可以考慮偵測到的兩個眼睛之間的距離,程式只會在偵測到兩個眼睛的時候才會覆蓋上太陽眼鏡的影像,這也是程式先執行人眼偵測器,計算兩眼的中心位置後再覆蓋太陽眼鏡的原因。完成以上步驟之後,剩下的就是覆蓋上太陽眼鏡影像的遮罩了,使用遮罩的原則與之前覆蓋面具時的原則十分相似,必須依據想要達到的效果調整太陽眼鏡的位置與大小,讀者可以試試看不同類型的太陽眼鏡產生的效果。

追蹤鼻子、嘴巴和耳朵

現在讀者學會使用這個框架追蹤不同的東西,就可以試著追蹤你的鼻子、嘴巴和耳朵。下圖就是使用鼻子偵測器覆蓋有趣的鼻子圖後的結果:

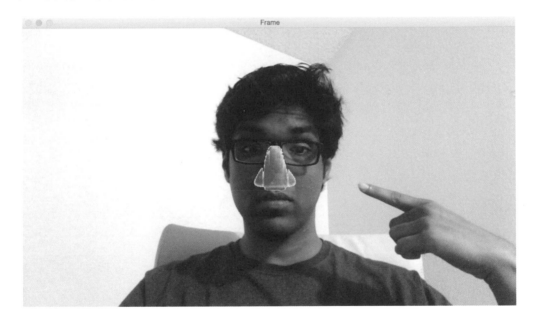

讀者可以參考程式碼檔案，裡面有偵測器完整的實作；也提供了 `haarcascade_mcs_nose.xml`、`haarcascade_mcs_mouth.xml`、`haarcascade_mcs_leftear.xml` 與 `haarcascade_mcs_rightear.xml` 等級聯檔，能夠用來追蹤人臉上不同的部份。各位可以試試看，對自己覆蓋上鬍子或是吸血鬼的耳朵！

小結

本章討論了 Haar 級聯與積分影像，學到了建立人臉偵測管線的方法，也學到在即時影像串流偵測與追蹤人臉的方法；並討論了使用人臉偵測框架偵測臉上不同的部份，像是眼睛、耳朵、鼻子和嘴巴；另外還介紹了利用人臉偵測的結果，在影像上覆蓋遮罩影像的做法。

下一章將會學到影像監控、背景移除以及影像變形等處理。

8

影像監控、背景塑模 以及形態學運算

本章要學習從固定位置的錄影機所擷取的影片中偵測移動物體的方法，這個方法大量使用在影像監控系統。本章會討論建立系統時能夠使用的各種特性，也會學習背景塑模（background modeling），利用背景塑模技術建立即時影像中的背景。一旦了解這兩個技術，就能夠結合兩者偵測影片中任何感到興趣的物體。

讀完本章，讀者就能夠回答以下的問題：

- 什麼是天真背景相減（naive background subtraction）？
- 什麼是畫格相減（frame differencing）？
- 如何建立背景模型？
- 如果找出靜態視訊（static video）中的新物體？
- 形態學影像處理（morphological image processing）是什麼，跟背景塑模有什麼關係？
- 如何使用形態學運算子（morphological operators）達到不同的效果？

技術要求

讀者需要熟悉基本的 C++ 程式語言，本章的所有程式碼都可以從以下的 GitHub 網址 取 得：`https://github.com/PacktPublishing/Learn-OpenCV-4-By-Building-Projects-Second-Edition/tree/master/Chapter_08`。程式碼應該可以在所有的作業系統執行，但筆者只有在 Ubuntu 上測試。

讀者可以在以下網址的影片中看到程式實際執行的效果：`http://bit.ly/2SfqzRo`

認識背景相減

背景相減（background subtraction）在影像監控（video surveillance）上十分有用，基本上背景相減技巧在需要偵測靜態視訊中的移動物體上表現得很好，這對影像監控有什麼用？影像監控必須處理持續的資料流，程式必須分析持續流入的資料流，找出任何可疑的活動。以飯店大廳為例，所有的牆跟傢俱都有固定的位置，一旦建立好背景模型，就可以找出大廳中的可疑活動，程式可以利用背景場景維持不變（對這個例子來說也的確如此）的特性，避免不必要的計算負擔。顧名思義，這個演算法是用來偵測背景，將影像中的每個像素區分為兩類：背景（假設是靜態且穩定）和前景，接著將背景從目前的畫格中減去，取得人、車等前景資訊，由於假設背景是靜態，前景物體自然就會對應到在背景前移動的物體或人。

為了偵測移動的物體，首先要建立背景的模型，這與直接將兩個畫格相減不同，必須真的對背景塑模，使用這個模型偵測物體。所謂「對背景塑模」（modeling the background）指的是建立能夠用來表示背景的數學公式，因此，這種做法比直接減去畫格的結果要好得多，這種做法先試著偵測出場景中靜止不動的部份，接著在背景模型的靜態公式裡持續加入微小的更新變化，再使用更新後的背景模型偵測背景像素，這是個能夠適用不同場景，依據場景變化調整的適應式（adaptive）技巧。

天真背景相減

先從頭開始討論，背景相減的程序到底是什麼樣子？考慮以下的兩張圖：

上圖是表示背景的場景，現在在場景中加上新的物體：

可以看到場景中出現了新的物體,因此,如果計算這張圖與背景模型的差,應該能夠識別出遙控器的位置:

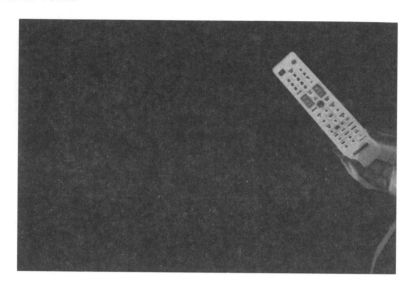

整個程序看起來像是:

輸入影像

abs diff

閾值

背景場景

這種作法的表現好嗎？

這種作法稱為「**天真**」（**naive**）是有道理的！這種作法在理想狀況下有效，但我們也都知道真實世界從來就不是理想狀況，這種作法在計算特定物體形狀上能夠表現得不錯，但的確也受到許多的限制。這個方法的主要要求是物體的色彩與強度（intensity）必須足以與背景有所區別，而影響這類演算法的因子包含了雜訊、照明條件、相機的自動對焦能力等等。

一旦有新的物體進入場景並持續留在場景中，就很難偵測在物體之前的新物體。因為程式並不會更新背景模型，而新的物體現在已經是背景的一部份了，例如下圖：

現在，假設場景中加入了一個新的物體：

程式能夠識別出這個新的物體，表現不錯！如果再將另一個物體放進場景：

因為兩者的位置重疊，程式就很難辨識出後者的位置，以下是程式減去背景再套用閥值運算後的結果：

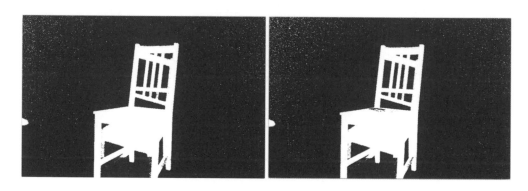

這種方法是假設背景靜態不變，如果背景的某些部份開始變動，變動的部份就會被偵測為新的物體，所以，即使是像旗誌飄揚之類很小的移動，都會影響偵測演算法的結果。這個技巧對照明變化十分敏感，也無法處理相機移動的情況，但這是個很巧妙的手法！只是我們需要一些對真實世界也有用的方法罷了。

畫格相減

既然知道偵測物體時需維持背景影像不變,解決的方式之一就是畫格相減(frame differencing),這是能夠判斷影像中是否有任何移動最簡單的技巧。處理即時影像串流時,連續畫格之間的差異能夠提供許多的資訊,這個概念十分簡單!只需要取得連續畫格之間的差異,再呈現出差異即可。

要是筆者快速移動電腦,就可以看到像下圖的效果:

要是移動的不是電腦,而是物體又會如何?下圖就是筆者快速擺動頭部所產生的效果:

從上圖可以看到只有影片中移動的部份會被標示出來，這對判別影片中移動的部份是很好的開始，接著就來看看計算畫格差異的程式碼：

```cpp
Mat frameDiff(Mat prevFrame, Mat curFrame, Mat nextFrame)
{
    Mat diffFrames1, diffFrames2, output;
    // 計算目前畫格與下一畫格的差異絕對值
    absdiff(nextFrame, curFrame, diffFrames1);
    // 計算目前畫格與前一畫格的差異絕對值
    absdiff(curFrame, prevFrame, diffFrames2);
    // 兩個差異影像逐位元 AND 運算
    bitwise_and(diffFrames1, diffFrames2, output);
    return output;
}
```

畫格相減十分簡單，只需要分別計算目前畫格與前一個畫格，以及目前畫格與下一個畫格的差異的絕對值即可。接著再以這兩組畫格差的結果作位元 **AND** 運算，就能夠標示出影像中移動的部份。要是只計算目前畫格與前一畫格的差，經常會變成雜訊，因此，需要對連續的畫格差作位元 **AND** 運算，才能夠在出現移動物體時維持穩定性。

接下來介紹從 webcam 取得並傳回畫格的程式碼：

```cpp
Mat getFrame(VideoCapture cap, float scalingFactor)
{
    Mat frame, output;

    // 抓取當前畫格
    cap >> frame;

    // 調整畫格大小
    resize(frame, frame, Size(), scalingFactor, scalingFactor, INTER_AREA);

    // 轉換為灰階
    cvtColor(frame, output, COLOR_BGR2GRAY);

    return output;
}
```

可以看到程式十分簡單，只需要調整畫格尺寸再轉換為灰階即可。有了以上介紹的輔助函式之後，接下來是結合以上功能的 main 函式：

```cpp
int main(int argc, char* argv[])
{
    Mat frame, prevFrame, curFrame, nextFrame;
    char ch;

    // 建立 capture 物件
    // 0 -> 輸入參數表示應該從 webcam 輸入
    VideoCapture cap(0);

    // 如果無法開啟 webcam 就停止執行
    if(!cap.isOpened())
        return -1;

    // 建立 GUI 視窗
    namedWindow("Frame");

    // 調整從 webcam 輸入畫格的縮放因數
    float scalingFactor = 0.75;

    prevFrame = getFrame(cap, scalingFactor);
    curFrame = getFrame(cap, scalingFactor);
    nextFrame = getFrame(cap, scalingFactor);

    // 迭代直到使用者按下 ESC 鍵
    while(true)
    {
        // 顯示物體動態
        imshow("Object Movement", frameDiff(prevFrame, curFrame,
nextFrame));

        // 更新變數並抓取下個畫格
        prevFrame = curFrame;
        curFrame = nextFrame;
        nextFrame = getFrame(cap, scalingFactor);

        // 取得鍵盤輸入檢查是否為 ESC
        // 27 -> 'Esc' 鍵的 ASCII 值
        ch = waitKey( 30 );
        if (ch == 27) {
            break;
        }
    }
```

```
    // 釋放視訊擷取物體
    cap.release();

    // 關閉所有視窗
    destroyAllWindows();

    return 1;
}
```

效果有多好？

可以看到畫格差異處理了幾個先前遇到的重要問題，其能夠快速適應照明變化與相機移動，當進入畫格的物體靜止不動，則後續畫格就不會偵測到此一物體。這種作法主要問題在於色彩均勻的物體，只能夠偵測出色彩均勻物體的邊界。如下圖，如果物體本身只有很低的像素差：

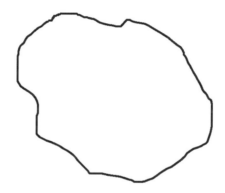

如果物體稍有移動，將畫格與前一畫格比較的結果會像是這樣：

因此，只會將很少數的像素標記為物體。另一個問題在於這個方法很難偵測移近或移遠相機的物體。

混合高斯法

在討論**混合高斯法**（**Mixture of Gaussians**，**MOG**）之前，要先說明什麼叫做**混合模型**（**mixture model**）。混合模型是**種統計模型**（**statistical model**），能夠用來表示資料中次群組（subpopulation）的出現。程式並不在意每個資料點所屬的類別，只需要找出包含多個群組的資料即可，如果每個次群組都用高斯函數（Gaussian function）表示，就稱為混合高斯模型。以下圖為例：

要是取得這個場景的多個畫格，影像中的每個部分都會逐漸成為背景的一部份，這在先前討論畫格差異時已經有詳細的討論，對於靜態場景，模型會自行調整，確保更新背景模型。由於每個像素都會成為背景模型的一部份，使得表示前景物件的前景遮罩（foreground mask）這時候看起來會是黑色影像。

OpenCV 裡有多個實作混合高斯法的演算法，其中一個稱為 **MOG**，另一個則是 **MOG2**，讀者可以參考 http://docs.opencv.org/master/db/d5c/tutorial_py_bg_subtraction.html#gsc.tab=0 詳細的說明，也可以參考用來實作這些演算法的原始研究論文內容。

稍微等待一段時間再於場景中加入另一個新物體，看看使用 MOG2 方法所產生的新前景遮罩的樣子：

可以在圖中看到，的確能夠正確識別出新的物體，接下來就來看程式中最關鍵的部份（完整的程式碼請參考 .cpp 檔案）：

```
int main(int argc, char* argv[])
{
    // 變數宣告與初始化

    // 迭代直到使用者按下 ESC 鍵
    while(true)
    {
        // 抓取目前畫格
        cap >> frame;

        // 調整畫格大小
        resize(frame, frame, Size(), scalingFactor, scalingFactor, INTER_
AREA);

        // 依據目前格更新 MOG2 背景模型
        pMOG2->apply(frame, fgMaskMOG2);

        // 顯示 MOG 前景遮罩
```

```
    imshow("FG Mask MOG 2", fgMaskMOG2);

    // 取得鍵盤輸入檢查是否為 ESC
    // 27 ->  'Esc' 鍵的 ASCII 值
    ch = waitKey( 30 );
    if (ch == 27) {
        break;
    }
}

// 釋放視訊擷取物件
cap.release();

// 關閉所有視窗
destroyAllWindows();

return 1;
}
```

程式碼做了什麼？

讓我們仔細看看程式碼做了什麼事。程式使用混合高斯模型建立背景相減物件，這個物件代表了會隨著 webcam 取得新畫格更新的模型。可以看到程式碼初始化了兩個背景相減模型：BackgroundSubtractorMOG 以及 BackgroundSubtractorMOG2，分別代表兩個用於背景相減的演算法，第一個演算法參考 *P. KadewTraKuPong* 與 *R. Bowden* 所發表的論文〈*An Improved Adaptive Background Mixture Model for Real-time Tracking with Shadow Detection*〉，讀者可以在 http://personal.ee.surrey.ac.uk/Personal/R.Bowden/publications/avbs01/avbs01.pdf 取得原始的論文，第二個方法則是使用了 *Z. Zivkovic* 發表的〈*Improved Adaptive Gausian Mixture Model for Background Subtraction*〉，原始論文網址是 http://www.zoranz.net/Publications/zivkovic2004ICPR.pdf。程式使用無窮 while 迴圈，持續不斷的讀取 webcam 的資料，每讀入一個畫格，就會依據畫格資料更新背景模型：

```
pMOG2->apply(frame, fgMaskMOG2);
```

這行程式碼會更新背景模型，接著，要是有新物體進入並停留在場景當中，就會成為背景模型的一部份，如此就能夠克服**天真**背景相減模型最大的缺點。

形態學影像處理

先前提過背景相減法會受到許多因素影響，正確性取決於擷取以及處理資料的方法。雜訊程度是影響這類演算法最大的因素，所謂的**雜訊**（**noise**）指的是影像中的顆粒、獨立的黑色／白色像素等會影響演算法品質的問題，這也是引進形態學影像處理（morphological image processing）的原因，即時系統大量使用形態學影像處理的技術確保輸出的品質。形態學影像處理指的是處理影像中特徵的形狀，例如，可以將形狀變寬或變窄。形態學運算子使用像素的順序而不是像素本身的值，使得這個技術十分適合操作二進位影像中的形狀。形態學影像處理也能夠應用在灰階影像，但像素值對灰階影像就不那麼重要了。

基礎原則是什麼？

形態學運算子（morphological operator）利用結構化元素調整影像。什麼是結構化元素？結構化元素基本上是能夠用來檢查影像中小區域範圍的小形狀，會被放置在影像中所有像素的位置，檢查像素的周邊。程式基本上採用小視窗，將視窗遮蓋在像素之上，再依據回應對各個像素位置採取不同的行動。

例如以下的輸入影像：

接下來要對這個影像進行一系列的形態學運算，看看圖中形狀產生的變化。

把形狀變細

可以用所謂的「**侵蝕**」（**erosion**）運算達到這個效果，這個運算能削去影像中所有形狀邊界的外皮：

以下是形態學侵蝕的程式碼：

```cpp
Mat performErosion(Mat inputImage, int erosionElement, int erosionSize)
{
    Mat outputImage;
    int erosionType;

    if(erosionElement == 0)
        erosionType = MORPH_RECT;
    else if(erosionElement == 1)
        erosionType = MORPH_CROSS;
    else if(erosionElement == 2)
      erosionType = MORPH_ELLIPSE;

    // 建立侵蝕的結構元素
    Mat element = getStructuringElement(erosionType, Size(2*erosionSize +
1, 2*erosionSize + 1), Point(erosionSize, erosionSize));

    // 使用結構元素侵蝕影像
    erode(inputImage, outputImage, element);

    // 傳回輸出影像
    return outputImage;
}
```

讀者可以在 .cpp 檔裡看到使用函式的完整程式碼，基本上，程式使用內建的
OpenCV 函式建立結構化元素。這些「條件」表示影像中每個像素會發生的變動，例
如，是否被白色像素包圍？或是被黑色像素包圍？有了答案之後就能夠採取適當的行
動。

加粗形狀

程式使用「**擴張**」（**dilation**）運算達到加粗的效果，這個運算透過增加影像中每個形狀的邊界層讓形狀變得更粗：

以下是程式碼：

```
Mat performDilation(Mat inputImage, int dilationElement, int
dilationSize)
{
    Mat outputImage;
    int dilationType;

    if(dilationElement == 0)
        dilationType = MORPH_RECT;
    else if(dilationElement == 1)
        dilationType = MORPH_CROSS;
    else if(dilationElement == 2)
        dilationType = MORPH_ELLIPSE;

    // 建立擴張的結構元素
    Mat element = getStructuringElement(dilationType, Size(2*dilationSize
+ 1, 2*dilationSize + 1), Point(dilationSize, dilationSize));

    // 使用結構元素擴張影像
    dilate(inputImage, outputImage, element);

    // 傳回輸出影像
    return outputImage;
}
```

其他形態學運算子

以下是其他有趣的形態學運算子,先看影像輸出的結果,接著在每節的最後提供程式碼。

形態學開放

這是個會「**開放**」(**open**)形狀的運算,是經常用來移除影像雜訊的運算子。基本上是以先侵蝕後擴張的方式達到形態學開放的結果,形態學開放的過程是透過用背景取代影像中的小物體的方式移除這些小物體:

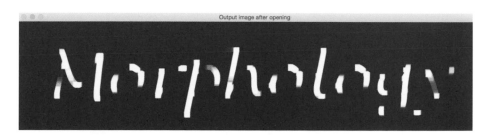

以下是執行形態學開放的程式碼:

```
Mat performOpening(Mat inputImage, int morphologyElement, int
morphologySize)
{
    Mat outputImage, tempImage;
    int morphologyType;

    if(morphologyElement == 0)
        morphologyType = MORPH_RECT;
    else if(morphologyElement == 1)
        morphologyType = MORPH_CROSS;
    else if(morphologyElement == 2)
        morphologyType = MORPH_ELLIPSE;

    // 建立侵蝕的結構元素
    Mat element = getStructuringElement(morphologyType,
Size(2*morphologySize + 1, 2*morphologySize + 1), Point(morphologySize,
morphologySize));

    // 使用結構元素對影像套用形態學開放
```

```
element
    erode(inputImage, tempImage, element);
    dilate(tempImage, outputImage, element);

    // 傳回輸出影像
    return outputImage;
}
```

可以看到程式碼對影像使用**侵蝕**與**擴張**以達到形態學開放的效果。

形態學封閉

這是個利用填滿間隙達到「**封閉**」（**close**）形狀的運算，其能夠產生下圖的效果。這也是個常用於移除雜訊的運算，程式透過先擴張後侵蝕的方式達到形態學封閉的效果，這個運算透過以前景取代背景裡小物體的方式移除前景裡的小洞。

以下是形態學封閉的程式碼：

```
Mat performClosing(Mat inputImage, int morphologyElement, int
morphologySize)
{
    Mat outputImage, tempImage;
    int morphologyType;

    if(morphologyElement == 0)
        morphologyType = MORPH_RECT;
    else if(morphologyElement == 1)
        morphologyType = MORPH_CROSS;
    else if(morphologyElement == 2)
        morphologyType = MORPH_ELLIPSE;
```

```
    // 建立侵蝕的結構元素
    Mat element = getStructuringElement(morphologyType,
Size(2*morphologySize + 1, 2*morphologySize + 1), Point(morphologySize,
morphologySize));

    // 使用結構元素對影像作形態學封閉
    dilate(inputImage, tempImage, element);
    erode(tempImage, outputImage, element);

    // 傳回輸出影像
    return outputImage;
}
```

描繪邊界

程式使用形態學梯度（morphological gradient）達到效果，這個運算利用影像侵蝕與擴張的差異描繪出形狀的邊界：

以下是形態學梯度的程式碼：

```
Mat performMorphologicalGradient(Mat inputImage, int morphologyElement,
int morphologySize)
{
    Mat outputImage, tempImage1, tempImage2;
    int morphologyType;

    if(morphologyElement == 0)
        morphologyType = MORPH_RECT;
    else if(morphologyElement == 1)
        morphologyType = MORPH_CROSS;
    else if(morphologyElement == 2)
        morphologyType = MORPH_ELLIPSE;
```

```
    // 建立侵蝕的結構元素
    Mat element = getStructuringElement(morphologyType,
Size(2*morphologySize + 1, 2*morphologySize + 1), Point(morphologySize,
morphologySize));
    // 使用結構元素對影像套用形態學梯度
    dilate(inputImage, tempImage1, element);
    erode(inputImage, tempImage2, element);

    // 傳回輸出影像
    return tempImage1 - tempImage2;
}
```

Top Hat 轉換

這個轉換能從影像中萃取微小的細節，是透過計算輸入影像與其形態學開放間的差異達到的效果，其能夠得到影像中比結構化元素小與比周邊亮的物體。因此，依據結構化元素尺寸的不同，可以從相同的影像中取得不同的物體：

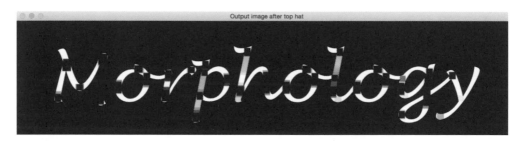

仔細看看輸出影像，可以從中看到黑色的矩形。這表示結構化元素能夠放入這些矩形位置裡，並塗黑這些區域。以下是達到這種效果的程式碼：

```
Mat performTopHat(Mat inputImage, int morphologyElement, int
morphologySize)
{
    Mat outputImage;
    int morphologyType;

    if(morphologyElement == 0)
        morphologyType = MORPH_RECT;
    else if(morphologyElement == 1)
```

```
        morphologyType = MORPH_CROSS;
    else if(morphologyElement == 2)
        morphologyType = MORPH_ELLIPSE;

    // 建立侵蝕的結構元素
    Mat element = getStructuringElement(morphologyType,
Size(2*morphologySize + 1, 2*morphologySize + 1), Point(morphologySize,
morphologySize));

    // 使用結構元素對影像作 top hat
    outputImage = inputImage - performOpening(inputImage,
morphologyElement, morphologySize);

    // 傳回輸出影像
    return outputImage;
}
```

Black Hat 轉換

這個轉換同樣能夠從影像中萃取微小的細節，其是透過計算輸入影像形態學封閉與影像本身的差得到的效果。此能夠得到影像中比結構化影像還小，比邊暗的物體。

以下是執行 Black Hat 轉換的程式碼：

```
Mat performBlackHat(Mat inputImage, int morphologyElement, int
morphologySize)
{
    Mat outputImage;
    int morphologyType;

    if(morphologyElement == 0)
        morphologyType = MORPH_RECT;
    else if(morphologyElement == 1)
        morphologyType = MORPH_CROSS;
```

```
    else if(morphologyElement == 2)
        morphologyType = MORPH_ELLIPSE;

    // 建立侵蝕的結構元素
    Mat element = getStructuringElement(morphologyType,
Size(2*morphologySize + 1, 2*morphologySize + 1), Point(morphologySize,
morphologySize));

    // 使用結構元素對影像作 black hat
    outputImage = performClosing(inputImage, morphologyElement,
morphologySize) - inputImage;

    // 傳回輸出影像
    return outputImage;
}
```

小結

本章介紹背景塑模與形態學影像處理的演算法，討論了天真背景相減與其限制，也學到了利用畫格相減取得動態資訊，以及這個方式在追蹤不同類型物體時會遇到的限制。這些限制帶我們進入混合高斯法，介紹了混合高斯法的公式與實作。接著討論形態學影像處理，介紹形態學影像處理能夠適用的各種目的，及介紹了多種形態學運算並示範其運算結果。

下一章會討論追蹤物體的方法以及多種做到物體追蹤的技巧。

9
學習物體追蹤

前一章介紹影像監控、背景塑模以及形態學影像處理，介紹了不同的形態學運算子能讓輸入影像產生許多酷炫的視覺效果。本章要介紹的是追蹤即時影像中物體的方法，會說明物體能夠用來追蹤的不同特性，也會介紹追蹤物體時使用的不同方法與技巧。物體追蹤大量應用在機器人、自動駕駛車、車輛追蹤、運動比賽的選手追蹤、影像壓縮等領域。

讀完本章，讀者可以學到：

- 追蹤有特定顏色物體的方法
- 建立互動式物體追蹤器的方法
- 角點偵測器是什麼
- 偵測適於追蹤特徵的方法
- 建立光流式特徵追蹤器的方法

技術要求

讀者需要熟悉基本的 C++ 程式語言，本章的所有程式碼都可以從以下的 GitHub 網址 取 得：https://github.com/PacktPublishing/Learn-OpenCV-4-By-Building-Projects-Second-Edition/tree/master/Chapter_09。程式碼應該可以在所有的作業系統執行，但筆者只有在 Ubuntu 上測試。

讀者可以在以下網址的影片中看到程式實際執行的效果：
http://bit.ly/2SidbMc

追蹤特定顏色的物體

為了建立良好的物體追蹤器，就必須要知道能夠讓追蹤器更強固、更正確的特質，接下來會按部就班的朝著這個方向前進。先介紹使用色彩空間（colorspace）建構良好視覺追蹤器的方法，要記得的是色彩資訊對照明條件十分敏感，真實世界的應用程式需要在前置作業處理照明的問題，但目前先假設有其他人做完這個工作，可以取得乾淨的彩色影像。

有許多種不同的色彩空間，所以必須依據應用的需要挑選適當的色彩空間，雖然大多數電腦螢幕原生使用的都是 RGB 空間，但對人類而言卻不見得是最理想的選擇。以色調（hue）命名色彩對人類更加自然，也因此**彩色模型**（**Hue Saturation Value**，**HSV**）成為能夠提供最多資訊的色彩空間，也最為接近人們感受到的色彩。色調（hue）表示色譜（color spectrum），飽和度（saturation）指的是特定色彩的濃度，而亮度（value）則代表了像素明亮的程度；實務上會以圓柱形表示。讀者可以在 http://infohost.nmt.edu/tcc//help/pubs/colortheory/web/hsv.html 找到簡單的說明，我們可以將影像中的像素移到 HSV 空間，再透過色彩空間裡的距離與閾值運算追蹤指定的物體。

例如下圖是影像串流裡的一個畫格：

套用了色彩空間濾鏡並追蹤物體之後，就可以看到下圖的結果：

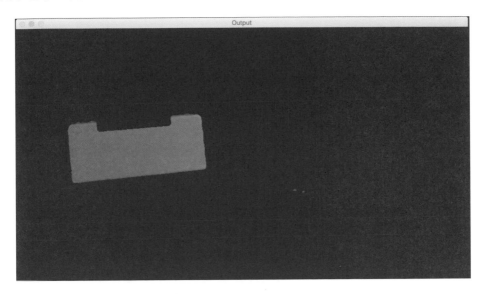

從圖中可以看到追蹤器依據物體的色彩特性，識別出影片中的特定物體，要使用這個追蹤器就需要知道目標物體的色彩分布。以下是追蹤有特定色彩物體的程式碼，追蹤過程只會選擇有指定色調的像素，程式碼都加上了註解，讀者應該能夠透過每段程式前的註解了解實際的行為：

```cpp
int main(int argc, char* argv[])
{
    // 變數宣告與初始化
    // 迭代直到使用者按下 ESC 鍵
    while(true)
    {
        // 每次迭代前先初始化輸出影像
        outputImage = Scalar(0,0,0);
        // 抓取當前畫格
        cap >> frame;
        // 檢查 frame 是否為空
        if(frame.empty())
            break;
        // 調整畫格大小
        resize(frame, frame, Size(), scalingFactor, scalingFactor, INTER_
AREA);
```

```
// 轉換到 HSV 色彩空間
cvtColor(frame, hsvImage, COLOR_BGR2HSV);
// 定義 HSV 色彩空間的"blue"色範圍
Scalar lowerLimit = Scalar(60,100,100);
Scalar upperLimit = Scalar(180,255,255);
// 對 HSV 影像作閾值運算取得藍色
inRange(hsvImage, lowerLimit, upperLimit, mask);
// 計算輸入影像與遮罩的逐位元 AND
bitwise_and(frame, frame, outputImage, mask=mask);
// 對輸入執行中值濾鏡作平滑化
medianBlur(outputImage, outputImage, 5);
// 顯示輸入與輸出影像
imshow("Input", frame);
imshow("Output", outputImage);
// 取得輸盤輸入檢查是否為'ESC'鍵
// 30 -> 等待 30ms
// 27 -> 'ESC'鍵的 ASCII 值
ch = waitKey(30);
if (ch == 27) {
    break;
}
}
return 1;
}
```

建立互動式物體追蹤器

色彩空間式的追蹤器能讓我們自由的追蹤有特定色彩的物體，但也受限於必須預先決定追蹤的顏色，要是想要隨意指定追蹤的物體該怎麼做？如何建立能夠學習使用者選擇的物體的特性、自動追蹤選取物體的追蹤器？這就必須要介紹 **continuously-adaptive meanshift**（**CAMShift**）演算法了，這個演算法基本上是 meanshift 演算法的改良版。

meanshift 在概念上很簡單，如果我們選了一塊感興趣的區域，希望物體追蹤器能夠追蹤指定的物體，在這個區域裡，先依據色階直方圖選擇一些像素點，再計算空間點（spatial point）的重心。要是重心落在區域的中心，就知道物體沒有移動，但要是重心沒有落在指定區域的中心。就能夠知道物體往某個方向移動。重心的移動控制了物體移動的方向，可以將物體的定界框（bounding box）移到新的位置，讓新的重心再次回到定界框的中心，這個演算法稱為 meanshift 就是因為平均值（也就是重心）會移動（shift），透過這種方式就能夠持續更新物體當前的位置。

meanshift 的問題在於不允許改變定界框的尺寸,當物體朝向相機的遠方移動時,人眼觀察到的物體會變小,但 meanshift 不會考慮這個狀況,在整個追蹤過程中會維持定界框尺寸固定不變。因此,需要使用 CAMShift,CAMShift 的優點是能夠依據物體的大小調整定界框的尺寸,也就能夠追蹤物體的方向。

先考慮以下標明了物體的畫格:

選擇好物體之後，演算法會計算色階直方圖背投影（backprojection），萃取所有的資訊。直方圖背投影是什麼？這是個能夠判斷影像與原先的直方圖模型符合程度的方法，先計算出特定物體的直方圖模型，再使用模型從影像中找出物體。先移動物體看看追蹤的狀況：

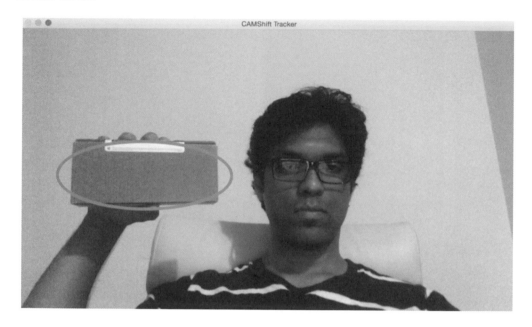

可以看到追蹤得不錯，接下來改變物體的方向，看看是不是仍然能夠正確的追蹤物體：

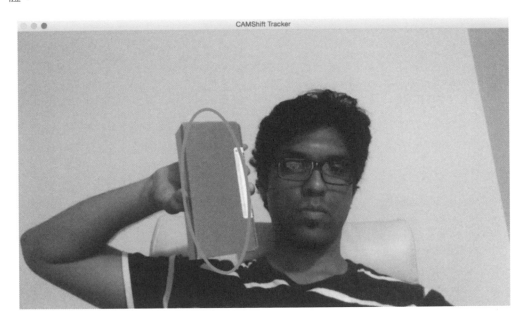

可以看到，定界橢圓改變了位置與方向。接著再改變物體的方向，看看是不是還能夠追蹤到物體：

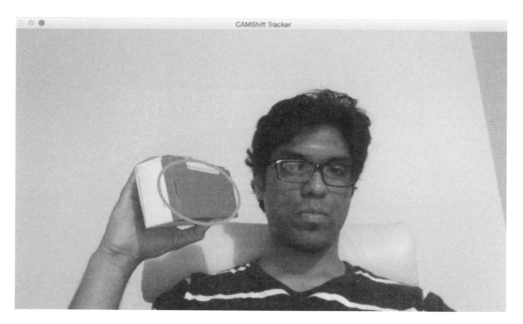

還是追蹤得到！定界橢圖已經改變了長寬比，反應出物體（因為視角變化）產生的傾斜。接下來先看看使用者介面的程式碼：

```
Mat image;
Point originPoint;
Rect selectedRect;
bool seelctRegion = false;
int trackingFlag = 0;

// 追蹤滑鼠事件的函式
void onMouse(int event, int x, int y, int, void*)
{
    if (selectRegion)
    {
        selectedRect.x = MIN(x, originPoint.x);
        selectedRect.y = MIN(y, originPoint.y);
        selectedRect.width = std::abs(x - originPoint.x);
        selectedRect.height = std::abs(y - originPoint.y);
```

```
            selectedRect &= Rect(0, 0, image.cols, image.rows);
    }
    switch(event)
    {
        case EVENT_LBUTTONDOWN:
            originPoint = Point(x,y);
            selectedRect = Rect(x,y,0,0);
            selectRegion = true;
            break;
        case EVENT_LBUTTONUP:
            selectRegion = false;
            if( selectedRect.width > 0 && selectedRect.height > 0 )
            {
                trackingFlag = -1;
            }
            break;
    }
}
```

這個函式基本上捕捉使用者在視窗裡選擇矩形的坐標,使用者只需要點選位置,再拉動滑鼠即可。OpenCV 提供了一組偵測不同滑鼠事件的內建函式。

以下是使用 CAMShift 演算法追蹤物體的程式碼:

```
int main(int argc, char* argv[])
{
    // 變數宣告與初始化
    ...
    // 迭代直到使用者按下 ESC 鍵
    while(true)
    {
        // 抓取當前畫格
        cap >> frame;
        // 檢查 frame 是否為空
        if(frame.empty())
            break;
        // 調整 frame 大小
        resize(frame, frame, Size(), scalingFactor, scalingFactor,
INTER_AREA);
        // 複製輸入 frame
        frame.copyTo(image);
        // 轉換到 HSV 色彩空間
        cvtColor(image, hsvImage, COLOR_BGR2HSV);
```

如此就有了等待處理的 HSV 影像，接下來是使用閾值運算處理影像：

```
    if(trackingFlag)
    {
        // 檢查 'hsvimage' 裡是否所有數值都在指定範圍內，將結果放到 'mask'
        inRange(hsvImage, Scalar(0, minSaturation, minValue),
Scalar(180, 256, maxValue), mask);
        // 混合指定通道
        int channels[] = {0, 0};
        hueImage.create(hsvImage.size(), hsvImage.depth());
        mixChannels(&hsvImage, 1, &hueImage, 1, channels, 1);
        if(trackingFlag < 0)
        {
            // 依據選擇的目標區域建立影像
            Mat roi(hueImage, selectedRect), maskroi(mask,
selectedRect);
            // 計算直方圖並正規化
            calcHist(&roi, 1, 0, maskroi, hist, 1, &histSize,
&histRanges);
            normalize(hist, hist, 0, 255, NORM_MINMAX);
            trackingRect = selectedRect;
            trackingFlag = 1;
        }
```

可以看到，程式使用 HSV 影像計算區域內的直方圖，接著透過閾值從 HSV 光譜裡找出需要的顏色，據此過濾出影像。接下來就是計算直方圖背投影：

```
        // 計算直方圖背投影
        calcBackProject(&hueImage, 1, 0, hist, backproj, &histRanges);
        backproj &= mask;
        RotatedRect rotatedTrackingRect = CamShift(backproj,
    trackingRect, TermCriteria(TermCriteria::EPS | TermCriteria::COUNT,
10, 1));
        // 檢查 trackingRect 面積是否太小
        if(trackingRect.area() <= 1)
        {
            // 使用 offset 值確保 trackingRect 有最小值
            int cols = backproj.cols, rows = backproj.rows;
            int offset = MIN(rows, cols) + 1;
            trackingRect = Rect(trackingRect.x - offset,
            trackingRect.y - offset, trackingRect.x + offset,
    trackingRect.y + offset) & Rect(0, 0, cols, rows);
        }
```

現在就可以顯示結果了。利用旋轉後的矩陣，可以在目標區域周邊畫出橢圓形：

```
        // 在影像上畫橢圓形
        ellipse(image, rotatedTrackingRect, Scalar(0,255,0), 3, LINE_
AA);
    }
    // 對選擇區域套用負值效果
    if(selectRegion && selectedRect.width > 0 && selectedRect.height
> 0)
    {
        Mat roi(image, selectedRect);
        bitwise_not(roi, roi);
    }
    // 顯示輸出影像
    imshow(windowName, image);
    // 取得鍵盤輸入檢查是為 'ESC'
    // 27 -> 'Esc' 鍵的 ASCII 值
    ch = waitKey(30);
    if (ch == 27) {
        break;
    }
    }
    return 1;
}
```

使用 Harris 角點偵測器偵測點

角點偵測（corner detection）是個用來偵測影像中目標點（point of interest）的技巧，這些目標點在電腦視覺術語裡也被稱為特徵點（feature point）或直接稱為特徵（feature）。角（corner）基本上是指兩個邊的交點，目標點是影像中獨一無二、能夠被偵測的東西，角點則是符合特殊條件的目標點，能夠幫助程式找出影像的特質。許多應用都大量使用了這些點，如物體追蹤、影像分類、視覺搜尋等等。由於已經知道目標是角點，接下來就看看該怎麼找出這些角點。

在電腦視覺領域,有個廣為使用的角點偵測技巧稱為 Harris 角點偵測器,這個技術先依據灰階影像的偏微分建立 2×2 的矩陣,接著分析矩陣的固有值(eigenvalue)。這是什麼意思?讓我們仔細說明使讀者能夠更加了解。考慮影像中的一小塊補丁,目標是檢查補丁有沒有任何角,所以,程式考慮所有周邊的補丁,計算周邊補丁強度與目標補丁強度的差,要是所有方向的差都很大,就可以知道目標補丁有角。這跟實際上的演算法相比當然太過簡化,如果讀者想要了解其中的數學系統,可以參考 *Harris* 和 *Stephens* 原始的論文 http://www.bmva.org/bmvc/1988/avc-88-023.pdf,角點是指兩個方向都有巨大差異的點。

執行 Harris 角點偵測器後看起來會像是這樣:

可以看到，電視遙控器上的綠色圓圈是被偵測到的角，實際上的結果會依據使用的偵測器參數而有所不同，調整參數可能會偵測到更多的點。要是加強限制，就可能沒辦法偵測到較圓滑的角。以下是偵測 Harris 角點的程式碼：

```
int main(int argc, char* argv[])
{
// 變數宣告與初始化

// 迭代直到使用者按下 Esc 鍵
while(true)
{
    // 抓取當前畫格
    cap >> frame;

    // 調整畫格大小
    resize(frame, frame, Size(), scalingFactor, scalingFactor, INTER_
AREA);

    dst = Mat::zeros(frame.size(), CV_32FC1);

    // 轉換為灰階
    cvtColor(frame, frameGray, COLOR_BGR2GRAY );

    // 偵測角點
    cornerHarris(frameGray, dst, blockSize, apertureSize, k, BORDER_
DEFAULT);

    // 正規化
    normalize(dst, dst_norm, 0, 255, NORM_MINMAX, CV_32FC1, Mat());
    convertScaleAbs(dst_norm, dst_norm_scaled);
```

程式先將影像轉換為灰階，透過指定的參數偵測角點，讀者可以在 .cpp 檔案裡找到完整的程式碼。這些參數對於能夠偵測到的角點數量扮演了十分重要的角色，讀者可以參考 OpenCV 對於 cornerHarris() 的說明文件，網址是 http://docs.opencv.org/master/dd/d1a/group__imgproc__feature.html#gac1fc3598018010880e370e2f709b4345。

有了所有需要的資訊之後，接下來就可以在偵測到的點周邊畫上圓圈，呈現出執行的結果：

```
//在每個角點周圍畫圓圈
for(int j = 0; j < dst_norm.rows; j++)
{
    for(int i = 0; i < dst_norm.cols; i++)
    {
        if((int)dst_norm.at<float>(i,j) > thresh)
```

```
                    {
                        circle(frame, Point(i, j), 8, Scalar(0,255,0), 2, 8, 0);
                    }
                }
            }

            // 顯示結果
            imshow(windowName, frame);

            // 取得鍵盤輸入檢查是否為 Esc
            // 27 -> Esc 鍵的 ASCII 值
            ch = waitKey(10);
            if (ch == 27) {
                break;
            }
        }

        // 釋放視訊抓取物件
        cap.release();

        // 關閉所有視窗
        destroyAllWindows();

        return 1;
    }
```

可以看到程式碼接受 blockSize 參數，效能會隨著選擇的大小而改變。先將數值設為 4，再作不同的調整看看結果會有什麼變化。

追蹤良好特徵

Harris 角點偵測器在大多數狀況都有很好的表現，但仍然有改善的空間。大約在 *Harris* 與 *Stephens* 原始論文發表的六年之後，*Shi* 與 *Tomasi* 提出了更好的作法，稱為「*Good Features To Track*」，讀者可以在 http://www.ai.mit.edu/courses/6.891/ handouts/shi94good.pdf 讀到原始的論文。他們使用不同的評分函式改善整體品質，這種方式可以找到特定影像裡前 N 個最強的角點，這在不想使用所有的角落萃取影像資料時特別有用。也因此，good interest point 偵測器在物體追蹤、物體識別、影像搜尋等應用上十分有用。

要是讀者對影像執行 Shi-Tomasi 角落偵測器，可以看到如下圖的結果：

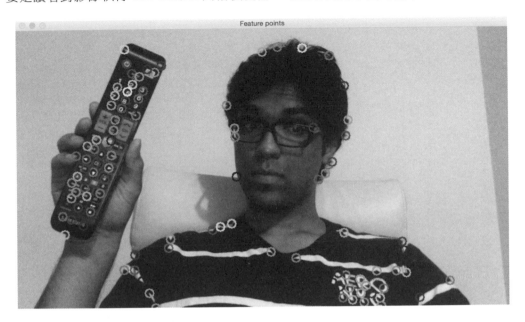

可以看到程式標示出了畫格中所有重要的點。接下來就看看追蹤這些特徵的程式碼：

```
int main(int argc, char* argv[])
{
    // 變數宣告與初始化
    // 迭代直到使用者按下 Esc 鍵
    while(true)
    {
        // 抓取當前畫格
        cap >> frame;
        // 調整畫格大小
        resize(frame, frame, Size(), scalingFactor, scalingFactor,
INTER_AREA);
        // 轉換為灰階
        cvtColor(frame, frameGray, COLOR_BGR2GRAY );
        // 初始化 Shi-Tomasi 演算法的參數
        vector<Point2f> corners;
        double qualityThreshold = 0.02;
        double minDist = 15;
        int blockSize = 5;
```

```
        bool useHarrisDetector = false;
        double k = 0.07;
        // 複製輸入畫格
        Mat frameCopy;
        frameCopy = frame.clone();
        // 套用角點偵測
        goodFeaturesToTrack(frameGray, corners, numCorners,
    qualityThreshold, minDist, Mat(), blockSize, useHarrisDetector, k);
```

這段程式萃取畫格，使用 goodFeaturesToTrack 偵測角點，重要的是要知道偵測到的角落數量會取決於使用的參數，讀者可以在 http://docs.opencv.org/2.4/modules/imgproc/doc/feature_detection.html?highlight=goodfeaturestotrack#goodfeaturestotrack 找到詳細的說明。接下來繼續看看在這些點畫上圓圈，顯示輸出影像的程式碼：

```
        // 顯示角點圓圈的參數
        int radius = 8;      // 圓的半徑
        int thickness = 2;   // 圓的粗細
        int lineType = 8;
        // 對偵測到的角點畫圓
        for(size_t i = 0; i < corners.size(); i++)
        {
            Scalar color = Scalar(rng.uniform(0,255), rng.uniform(0,255),
    rng.uniform(0,255));
            circle(frameCopy, corners[i], radius, color, thickness,
    lineType, 0);
        }
        // 顯示結果
        imshow(windowName, frameCopy);
        // 取得鍵盤輸入檢查是否為 'Esc'
        // 27 -> 'Esc' 鍵的 ASCII 值
        ch = waitKey(30);
        if (ch == 27) {
            break;
        }
    }
    // 釋放視訊抓取物件
    cap.release();
    // 關閉所有視窗
    destroyAllWindows();
    return 1;
}
```

這個程式需要輸入 `numCorners` 參數，表示想要追蹤的角點數量最大值。讀者可以從數值 100 開始，看看不同數值產生的不同結果，要是增加數值，就會看到更多偵測到的點。

特徵式追蹤

特徵式追蹤（feature-based tracking）是指在影片的連續畫格裡追蹤個別物體的特徵點，它的優點是不需要對每個畫格偵測特徵點，只需要偵測一次特徵點，再持續追蹤特徵點即可，比起對每個畫格執行偵測程式會更加有效率。接下來要使用所謂的光流（optical flow）技巧追蹤特徵，光流是電腦視覺十分廣為使用的技巧，程式先選擇一些特徵點，再從影像串流中追蹤特徵點，當偵測到特徵點時，會計算位移向量（displacement vector），顯示特徵點在連續畫格間的運動，這些向量也稱為運動向量（motion vector）。個別特徵點的運動向量是有方向性的線段，表示該點與前一個畫格間的移動。有許多不同的方法能夠偵測這些運動向量，其中 Lucas-Kanade 法與 Farneback 演算法是最常見的兩種方法。

Lucas-Kanade 法

Lucas-Kanade 法用於稀疏光流追蹤（sparse optical flow tracking），稀疏的意思是使用相對少的特徵點，讀者可以參考 `http://cseweb.ucsd.edu/classes/sp02/cse252/ lucaskanade81.pdf` 的原始論文。接下來先從萃取特徵點開始，以特徵點為中心建立 3×3 的補丁（patch），程式假設補丁內部所有的點都會有類似的運動，實務上可以依據處理的問題，調整補丁的大小。

對於目前畫格裡的特徵點，將特徵點周邊 3×3 的補丁視為參考點，程式會以前一個畫格補丁的鄰近位置，找出最相符的位置。為了要找到最接近的補丁，尋找的鄰近範圍通常會比 3×3 還來得大。如此一來，從前一個畫格中補丁的中心位置，到目前畫格中評估補丁的中心點就形成了運動向量。對所有的特徵點重複相同的計算，以取得所有的運動向量。

以下圖的畫格為例：

需要先加入一些想要追蹤的點。直接在畫面中用滑鼠點選一些位置：

要是畫中的人移動成其他姿勢，會看到仍然能夠追蹤到正確位置上的特徵點，其只會出現很小的誤差：

可以增加更多追蹤點，看看會發生什麼事：

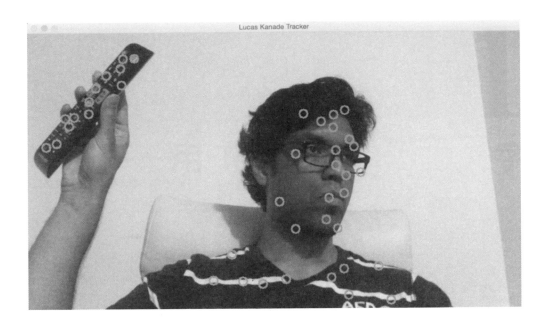

圖中可以看到程式持續追蹤選取的點，但也注意到遺失了某些點，原因可能是突起（prominence）、移動速度等等。要是想要更仔細的看看程式的行為，可以加入更多的點，也可以讓使用者從輸入影片中選擇感興趣的範圍，再從範圍內萃取特徵點。透過描繪出定界框追蹤物體，這是個很好的練習題！

以下是執行 Lucas-Kanade 式追蹤的程式碼：

```
int main(int argc, char* argv[])
{
    // 變數宣告與初始化
    // 迭代直到使用者按下 Esc 鍵
    while(true)
    {
        // 抓取當前畫格
        cap >> frame;
        // 檢查 frame 是否為空
        if(frame.empty())
            break;
        // 調整畫格大小
        resize(frame, frame, Size(), scalingFactor, scalingFactor,
INTER_AREA);
        // 複製輸入畫格
```

```
        frame.copyTo(image);
        // 轉換為灰階
        cvtColor(image, curGrayImage, COLOR_BGR2GRAY);
        // 檢查是否有點需要追蹤
        if(!trackingPoints[0].empty())
        {
            // 狀態向量，表示對應特徵是否找到
            vector<uchar> statusVector;
            // 誤差向量，表示對應特徵的誤差
            vector<float> errorVector;
            // 檢查先前影像是否為空
            if(prevGrayImage.empty())
            {
                curGrayImage.copyTo(prevGrayImage);
            }
            // 用 Lucas-Kanade 演算法計算光流
            calcOpticalFlowPyrLK(prevGrayImage, curGrayImage,
trackingPoints[0], trackingPoints[1], statusVector, errorVector,
windowSize, 3, terminationCriteria, 0, 0.001);
```

程式使用目前影像與前一個影像計算出光流（optical flow）資訊，當然，輸出的品質
會取決於選用的參數，讀者可以在 http://docs.opencv.org/2.4/modules/video/
doc/motion_analysis_and_object_tracking.html#calcopticalflowpyrlk 找到參數
更詳細的資訊。如果想要提高品質與強固性，就需要過濾掉太過接近的點，因為鄰近
的點無法提供新的資訊。接下來就這麼做：

```
        int count = 0;
        // 兩個追蹤點間的最小距離
        int minDist = 7;
        for(int i=0; i < grackingPoints[i].size(); i++)
        {
            if(pointTrackingFlag)
            {
                // 如果新點與原有點距離在 'minDist' 距離內，就不會追蹤
                if(norm(currentPoint - trackingPoints[1][i]) <=
minDist)
                {
                    pointTrackingFalg = false;
                    continue;
                }
            }
            // 檢查狀態向量是否良好
```

```
                    if(!statusVector[i])
                        continue;
                    trackingPoints[1][count++] = trackingPoints[1][i];

                    // 對每個追蹤點畫實心圓
                    int radius = 8;
                    int thickness = 2;
                    int lineType = 8;
                    circle(image, trackingPoints[1][i], radius,
    Scalar(0, 255, 0), thickness, lineType);
                }
                trackingPoints[1].resize(count);
            }
```

有了追蹤點之後，下一步是精煉這些點的位置，這裡的「精煉」是什麼意思？為了提高計算的速度，資料必須有所組織，以 layman 的說法，可以將它看成是「四捨五入」。有了近似範圍之後，就可以在範圍內精煉目標點的位置，取得更正確的結果。程式碼如下：

```
            // 精煉特徵點位置
            if(pointTrackingFlag && trackingPoints[1].size() <
    maxNumPoints)
            {
                vector<Point2f> tempPoints;
                tempPoints.push_back(currentPoint);
                // 精煉角點位置到子像素正確度的函式
                // 其中'pixel'代表'windowSize'大小的影像塊,不是實際的影像像素
                cornerSubPix(curGrayImage, tempPoints, windowSize, Size(-
    1,-1), terminationCriteria);
                trackingPoints[1].push_back(tempPoints[0]);
                pointTrackingFlag = false;
            }
            // 顯示影像與追蹤點
            imshow(windowName, image);
            // 檢查使用者是否按下 Esc 鍵
            char ch = waitKey(10);
            if(ch == 27)
                break;
            // 交換'points'向量,將'previous'更新成'current'
            std::swap(trackingPoints[1], trackingPoints[0]);
            // 交換 images,更新前影像成當前影像
            cv::swap(prevGrayImage, curGrayImage);
        }
        return 1;
    }
```

Farneback 演算法

Gunnar Farneback 提出了用於密集追蹤（dense tracking）的光流演算法，密集追蹤大量應用在機器人、擴增實境、3D 對應等領域，讀者可以在 http://www.diva-portal.org/smash/get/diva2:273847/FULLTEXT01.pdf 找到原始的論文，Lucas-Kanade 法是個稀疏技巧，只需要處理整個影像裡的一小部份像素；相反的，Farneback 演算法則是密集技巧，需要處理影像裡的所有像素。顯然兩者之間有所取捨，密集技術比較正確，但速度較慢，稀疏技術雖然較不正確，執行速度卻快得多。對即時應用程式而言，一般傾向於使用稀疏技術，而對於較不強調時間與複雜度的應用程式，一般則傾向於使用密集技術以取得更詳盡的細節。

Farneback 的論文裡介紹了一種以兩個畫格的多項式擴展（polynomial expansion）為基礎的密集光流估算（dense optical-flow estimation）方法，目標是估算兩個畫格間的運動，這基本上是個三步驟的程序。第一步，兩個畫格的相鄰區域用多項式作近似，對於這種情況只需要二次多項式；下一步是透過全域布局（global displacement）建構新的訊號，由於每個鄰近區域都以多項式作了近似，需要觀察在多項式作了理想轉換時會發生的情況；最後一步是透過等化二次多項式的結果，計算出全域布局。

這種做法怎麼會有用？仔細想想，我們假設整體的訊號是個訊號多項式，且兩個訊號間存在全域轉換，這當然不是真實的情境，那麼我們要找什麼？我們實際上的目標是想要知道誤差夠小，能夠建立出有效追蹤特徵的演算法。

先考慮以下的靜態影像：

要是人朝旁邊移動，可以看到運動向量指向水平方向，這些向量只是追蹤頭部的運動：

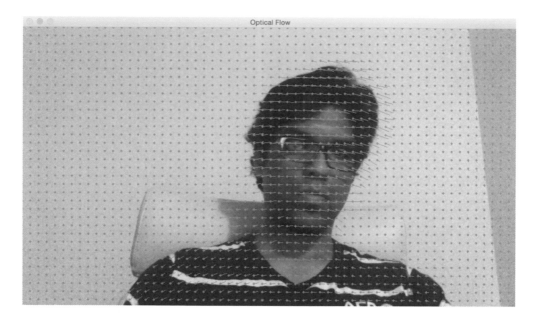

要是朝向相機遠方移動，就能夠看到運動向量指向影像平面的垂直方向：

以下就是使用 Farneback 演算法作光流式追蹤的程式碼：

```cpp
int main(int, char** argv)
{
    // 變數宣告與初始化
    // 迭代直到使用者按下 Esc 鍵
    while(true)
    {
        // 抓取當前畫格
        cap >> frame;
        if (frame.empty())
            break;
        // 調整畫格大小
        resize(frame, frame, Size(), scalingFactor, scalingFactor, INTER_
AREA);
        // 轉換為灰階
        cvtColor(frame, curGray, COLOR_BGR2GRAY);
        // 檢查 image 是否良好
        if(prevGray.data)
        {
```

```
        // 初始化光流演算法參數
        float pyrScale = 0.5;
        int numLevels = 3;
        int windowSize = 15;
        int numIterations = 3;
        int neighborhoodSize = 5;
        float stdDeviation = 1.2;
        // 用 Farneback 演算法計算光流 map
        calcOpticalFlowFarneback(prevgray, curGray, flowImage,
pyrscale, numLevels, windowSize, numIterations, neighborhoodSize,
stdDeviation, OPTFLOW_USE_INITIAL_FLOW);
```

可以看到，程式使用 Farneback 演算法計算光流向量，calcOpticalFlowFarneback 的輸入參數對追蹤的品質十分重要，讀者可以在 http://docs.opencv.org/3.0-beta/modules/video/doc/motion_analysis_and_object_tracking.html 找到對參數詳細的說明。接下來將向量畫到輸出影像上：

```
        // 轉換為 3 通道 RGB
        cvtColor(prevGray, flowImageGray, COLOR_GRAY2BGR);
        // 描繪光流圖
        drawOpticalFlow(flowImage, flowImageGray);
        // 顯示輸出影像
        imshow(windowName, flowImageGray);
    }
    // 如果使用者按 Esc 鍵就跳出迴圈
    ch = waitKey(10);
    if (ch == 27)
        break;
    // 交換前一影像與當前影像
    std::swap(prevGray, curGray);
    }
    return 1;
}
```

上述程式透過 drawOpticalFlow 畫出光流向量，這些向量代表了運動的方向。接下來是畫出向量的程式：

```
// 計算光流圖的函式
void drawOpticalFlow(const Mat& flowImage, Mat& flowImageGray)
{
    int stepSize = 16;
    Scalar color = Scalar(0, 255, 0);
    // 在輸入影像上畫均勻的點與動態向量
    for(int y = 0; y < flowImageGray.rows; y += stepSize)
```

```
    {
        for(int x = 0; x < flowImageGray.cols; x += stepSize)
        {
            // 表示均勻網格點的圓圈
            int radius = 2;
            int thickness = -1;
            circle(flowImageGray, Point(x,y), radius, color, thickness);
            // 表示動態向量的線段
            Point2f pt = flowImage.at<Point2f>(y,x);
            line(flowImageGray, Point(x,y), Point(cvRound(x+pt.x),
cvRound(y+pt.y)), color);
        }
    }
}
```

小結

本章學到了物體追蹤，也學到了使用 HSV 色彩空間追蹤有顏色物體的方法，同時討論了用於物體追蹤的叢集技巧，以及使用 CAMShift 演算法建立互動式物體追蹤器的方法。另外也學到了角點偵測器以及在即時影片中追角點的方法，並介紹了在影片中使用光流追蹤特徵的方法，及學到 Lucas-Kanade 與 Farneback 演算法背後的概念與實作方法。

下一章將會討論分割演算法，介紹使用分割演算法作文字識別的方法。

10
為文字辨識開發分割演算法

在先前的章節裡我們學到了各式各樣的影像處理技術，例如閾值運算、輪廓描述子與形態學運算，本章討論的是處理掃描文件時常見的問題，例如找出文字位置或是調整文字的旋轉方向；也會討論如何透過結合先前介紹的各種技巧解決上述問題，最後就能夠得到分割後的文字區域，且能夠送入**光學文字辨識**（**optical character recogintion，OCR**）函式庫。

讀完本章後，讀者就能夠回答以下的問題：

- 有哪些不同類型的 OCR 應用程式？
- 撰寫 OCR 應用程式時有哪些常見問題？
- 如何找出文件中的不同區域？
- 如何處理如傾斜或文字中出現其他元素之類的問題？
- 如何使用 Tesseract OCR 識別文字？

技術要求

讀者需要熟悉基本的 C++ 程式語言，本章的所有程式碼都可以從以下的 **GitHub** 網址取得：https://github.com/PacktPublishing/Learn-OpenCV-4-By-Building-Projects-Second-Edition/tree/master/Chapter_10。程式碼應該可以在所有的作業系統執行，但筆者只有在 Ubuntu 上測試。

讀者可以在以下網址的影片中看到程式實際執行的效果：
http://bit.ly/2KIoJFX

介紹光學文字辨識

辨識影像中的文字是電腦視覺十分熱門的應用，這個程序一般稱為**光學文字辨識**（**optical character recognition**），可以細分為以下步驟：

- **文字前置處理與分割**：這個步驟處理影像雜訊與旋轉（傾斜），同時找出包含文字的區域。

- **文字辨識**：這是辨識文字中個別字元的程序，雖然這是電腦視覺領域的主題，但本書並不會介紹使用 OpenCV 的操作方式，而是使用 Tesseract 函式庫，Tesseract 函式庫能夠與 OpenCV 3.0 完美的整合。要是讀者有興趣學習如何使用 OpenCV 完成 Tesseract 的功能，可以參考 Packt 出版的《*Mastering OpenCV*》，其中包含了一章介紹辨識車牌的章節。

前置處理與分割階段與文字的來源有很大的關係，以下是前置處理時常見的情況：

- **搭配掃描器的 OCR 應用程式產品**：掃描器是十分可靠的文字來源，這種情境的影像背景通常是白色，文字也會對齊掃描器的邊界。掃描內容基本上是幾乎沒有任何雜訊的文字，這種類型的應用只需要簡單的前置處理技巧，迅速調整文字，維持快速的掃描步調。在撰寫產品 OCR 軟體時，通常會將重要文字區域的識別轉交給使用者，為文字驗證與索引建立高品質的管線。

- **掃描的文字來自於隨手拍的照片或影片截圖**：這是比較複雜的情境，文字位置沒有明確的標識，這個情境被稱為**場景文字偵測**（**scene text recognition**），OpenCV 4.0 針對這個問題引進了一個全新的函式庫，會在第 11 章「用 *Tesseract* 辨識文字」中介紹。通常前置處理需要使用紋理分析（texture analysis）技術辨識出文字的模式。

- **為歷史文本建立產品級 OCR**：歷史文本也是掃描而來，但包含許多額外的問題，例如老舊紙張色彩與油墨產生的雜訊，其他常見的問題還有花體字、特殊的字型以及因為年代久遠褪色的油墨所產生的低對比內容。比較常見的作法是針對目標文件撰寫專用的 OCR 軟體。

- **掃描地圖、圖與圖表**：地圖、圖與圖表是特別困難的情境，文字可能出現在任何方向，也可能出現在影像內容的中央。例如城市的名稱經常會分散在不同位置，海洋名稱則會隨著海岸線彎曲，某些顏色豐富的圖表裡，可能會包含同時使用亮色與暗色調的文字。

OCR 應用程式使用的策略也會隨著識別的目標而變，會用在全文檢索嗎？或是文字必須依照邏輯欄位分離，作為資料庫的索引文字供結構化搜尋之用？

本章將重點放在前置處理掃描或由相機拍照而得的文字，會假設影像的主要目標就是文字，例如照片、紙張、卡片等。以下圖的停車卡為例：

我們會試著移除常見的雜訊，處理文字的旋轉（如果有的話），並裁剪出可能包含文字的區域，雖然大多數的 OCR API 都能夠自動完成這些動作，也都使用了最尖端的演算法，但仍然值得花些時間了解底層的運作方式。讓各位更加了解大多數 OCR API 的參數，也就能夠對可能遇到的 OCR 問題有更進一步的認識。

前置處理步驟

軟體是透過比對文字與先前記錄的資料辨識出文字，要是輸入的文字很清楚、所有字母都在垂直方向，送到分類軟體的資料也不含影像等其他的元素，就能夠大幅改善辨識結果，本節會學到透過「**前置處理**」調整文字的方法。

影像的閾值

通常在前置處理階段的第一步是對影像作閾值運算，消除所有的色彩資訊，大多數 OpenCV 函式需要將資訊以白色，背景以黑色呈現。因此，第一步是建立符合這項條件的閾值函數：

```cpp
#include <opencv2/opencv.hpp>
#include <vector>

using namespace std;
using namespace cv;

Mat binarize(Mat input)
{
    // 使用 otsu 對輸入影像作閾值運算
    Mat binaryImage;
    cvtColor(input, input, COLOR_BGR2GRAY);
    threshold(input, binaryImage, 0, 255, THRESH_OTSU);

    // 計算白色與黑色像素數量
    int white = countNonZero(binaryImage);
    int black = binaryImage.size().area() - white;

    // 如果影像主要是白色組成（白色背景）就反轉影像
    return white < black ? binaryIimage : ~binaryImage;
}
```

與第 4 章「深入色階直方圖與濾鏡」的作法類似，binarize 函式套用了閾值，但這次在函數的第四個參數傳入代表 Otsu 方法的 THRESH_OTSU。Otsu 方法能將各類別間的變異數最大化，由於閾值只會產生兩個分類（黑色與白色像素），實際上的效果等同於最小化類別間的變異數，這個方法是透過影像直方圖達成目的。接著再依序處理所有可能的閾值，計算落在閾值兩側像素值的分布度量，也就是像素不是影像的前景，就是影像的背景，目的是找出讓兩者分布的和都是最小值的閾值。

作完閾值運算之後，函式會計算影像中白色像素的個數，黑色像素的個素就是影像所有像素的個數減去白色像素數量的結果。由於文字通常會寫在素色背景上，程式還需要檢查白色像素是否比黑色像素多，這種情況表示處理的影像是白色背景上的黑色文字，需要反轉影像供後續處理。

下圖是停車卡經過閾值處理後的結果：

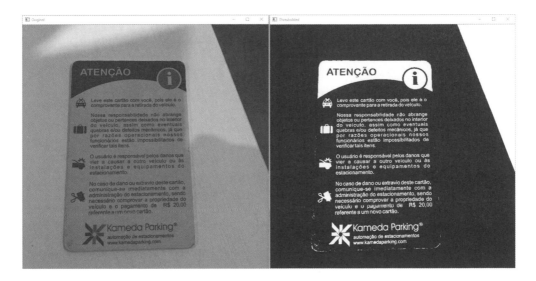

文字分割

下一步是找出文字的位置,萃取出文字,以下是兩種常見的策略:

- **使用連結組件分析**:尋找影像中相連的像素群,這也是本章要使用的技巧。

- **使用分類器(classifier)尋找先前訓練好的字母紋理模式**:**Haralick** 特徵與小波轉換(wavelet transform)兩者都是常見的紋理特徵,另一個選擇是找出**最大穩定值區域**(**MSERs,maximally stable extremal regions**)。這個作法對於複雜背景上的文字有較好的效果,會在第 11 章「用 *Tesseract 辨識文字*」進一步討論,各位可以在 Haralick 的網站上找到 Haralick 特徵的資訊:http://haralick.org/journals/TexturalFeatures.pdf。

建立連結區域

要是各位更仔細的看看影像,會注意到文字經常形成一群群的區塊,這些區塊又進一步形成段落。問題在於,該如何偵測與移除這些區塊呢?

首先要做的是讓這些區塊更加的明顯,這可以透過擴張變形運算子(dilation morphological operator)做到。第 8 章「*影像監控、背景塑模以及形態學運算*」已經介紹過擴張能讓影像元素變得更粗,以下是達成這個效果的程式碼:

```
auto kernel = getStructuringElement(MORPH_CROSS, Size(3,3));
Mat dilated;
dilate(input, dilated, kernel, cv::Point(-1, -1), 5);
imshow("Dilated", dilated);
```

這段程式先建立變形運算子需要用到的 3×3 十字核心,接著以核心為中心做五次擴展。正確的核心大小與擴展次數必須依據實際情況調整,必須確保使用的數值能讓同一行的所有文字都黏在一起。

上述操作的結果如下圖：

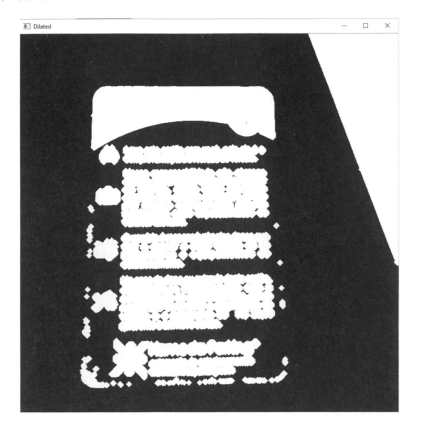

請注意現在有了巨大的白色區塊，完全符合每段文字，也符合影像或邊界雜訊等非文字元素。

搭配程式碼的票券影像是個低解析度影像，OCR 引擎通常會使用高解析度影像（200 或 300 DPI），所以也許需要做五次以上的擴展。

找出段落區塊

下一步是作連結組件分析，找出對應到每個段落文字的區塊，先前在第 5 章「自動光學檢查、物體分割與偵測」中介紹過 OpenCV 有個函數能夠做到這事，就是 findContours 函數：

```
vector<vector<Point> > contours;
findContours(dilated, contours, RETR_EXTERNAL, CHAIN_APPROX_SIMPLE);
```

第一個參數傳入了擴展後的影像，第二個參數是偵測到的輪廓的向量，接著指定只取得最外部的輪廓以及使用簡單的近似演算法。下圖呈現的是影像的輪廓，不同的灰階色調代表不同的輪廓：

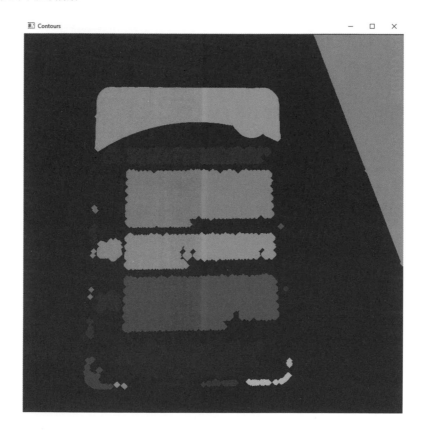

最後一步是對每個輪廓找出旋轉後能夠界定其範圍的最小矩形，OpenCV 提供了一個很方便的函數 minAreaRect 具備這個功能，需要輸入一個包含任意個點的向量，傳回定界框的 RoundedRect。這也是個丟棄不需要矩形很好的機會，也就是排除顯然不含任何文字的矩形。建立 OCR 用軟體時一般會假設文字包含了整組的字元，利用這個假設，可以排除滿足以下條件的文字：

- 矩形的長或寬太小的情況，也就是小於 20 個像素，這有助於排除邊界雜訊與其他較小的元件。

- 影像中的矩形長寬比小於 2 的情況，也就是接近正方形的矩形，例如影像圖示或太高、太寬的影像都會被忽略。

第二個條件必須特別注意，因為處理的是旋轉後的定界框，必須要檢查定界框的角度是否小於 -45 度，是的話，文字會被垂直的旋轉，考慮的比例得改為高／寬。

以下是使用的程式碼：

```
// 對每個輪廓
vector<RotatedRect> areas;
for (const auto& contour : contours)
{
    // 找出旋轉後矩陣
    auto box = minAreaRect(contour);

    // 忽略太小的方框
    if (box.size.width < 20 || box.size.height < 20)
        continue;

    // 忽略正方形方框以及高大於寬的方框
    double propotion = box.angle < -45.0 ?
        box.size.height / box.size.width :
        box.size.width / box.size.height;

    if (propotion < 2)
        continue;

    // 加入方框
    areas.push_back(box);
}
```

以下就是這段演算法選出的定界框：

成果十分不錯！

特別注意對應到步驟二的演算法會忽略單一個字母的情況，這不是太大的問題，因為這是 OCR 的前置處理器，單一個文字通常並無法提供任何情境相關的資訊，頁碼就是個例子。由於頁碼單獨出現在頁面下方，且無法滿足大小或文字比率的檢驗，通常會在處理過程中被忽略。然而，這不會造成任何問題，經過 OCR 處理之後，文字會成為沒有頁碼分頁的巨大文字檔。

上述程式碼會放在有以下簽章的函數之內：

```
vector<RotatedRect> findTextAreaas(Mat input);
```

文字萃取與偏斜調整

現在只剩下萃取出文字並調整偏斜狀態即可，使用的是以下的 deskewAndCrop 函式：

```cpp
Mat deskewAndCrop(Mat input, const RotatedRect& box)
{
    double angle = box.angle;
    auto size = box.size;

    // 調整方框角度
    if (angle < -45.0)
    {
        angle += 90.0;
        std::swap(size.width, size.height);
    }
    // 依角度旋轉文字
    auto transform = getRotationMatrix2D(box.center, angle, 1.0);
    Mat rotated;
    warpAffine(input, rotated, transform, input.size(), INTER_CUBIC);

    /// 裁切結果
    Mat cropped;
    getRectSubPix(rotated, size, box.center, cropped);
    copyMakeBorder(cropped,cropped,10,10,10,10,BORDER_CONSTANT,Scalar(0));
    return cropped;
}
```

一開始先讀取想要的區域、角度與大小，前面提過，要是角度小於 -45 度就表示文字是朝垂直方向對齊，需要將旋轉角度加上 90 度，並互換長、寬屬性。接著是旋轉文字，先建立對於旋轉的 2D 仿射轉換（affine transformation）矩陣，這可以透過 OpenCV 的 `getRotationMatrix2D` 做到。這個函式需要以下三個參數：

- **CENTER**：旋轉的中心點，旋轉時會以中心點為軸心，範例中使用定界框的中心。

- **ANGEL**：旋轉的角度，要是角度是負數，旋轉就是朝順時鐘方向。

- **SCALE**：這是各向同性（isotropic）的擴縮因子，程式裡使用 1.0 讓定界框維持原有的大小。

旋轉本身是由 `warpAffine` 函數產生，這個函數需要四個必要參數，說明如下：

- **SRC**：輸入的要進行轉換的 `mat` 陣列。

- **DST**：輸出的 `mat` 陣列。

- **M**：轉換矩陣，矩陣本身是個 2×3 的仿射轉換矩陣，可以是位移、放大縮小或旋轉矩陣，範例程式直接使用先前建立的矩陣。

- **SIZE**：輸出影像的大小，範例程式產生與輸入影像相同大小的影像。

另外三個選用參數說明如下：

- **FLAGS**：代表影像是否需要作內差，程式中使用 `BICUBIC_INTERPOLATION` 以取得較佳的品質，預設值則是 `LINEAR_INTERPOLATION`。

- **BORDER**：代表邊界模式，範例使用預設的 `BORDER_CONSTANT`。

- **BORDER VALUE**：邊界的色彩，範例中使用預設值，也就是黑色。接著要使用 `getRectSubPix` 函數，旋轉影像之後，需要裁切出定界框的矩形區域，這個函數需要四個必要參數與一個選用參數，會傳回裁切出的影像：

  - **IMAGE**：要作裁切的影像。

  - **SIZE**：`cv::Size` 物件，代表要裁切的方框的寬與高。

- **CENTER**：要裁切區域的中心像素，需要注意的是對中心旋轉時這個點的位置會維持不變。

- **PATCH**：目標影像。

- **PATCH_TYPE**：目標影像的色彩深度，範例中使用預設值，表示與來源影像相同的色彩深度。

最後一步是利用 `copyMakeBorder` 函數達成，這個函數會在影像周邊加上邊框，因為分類階段通常預期在文字周邊會有一定的邊界，所以這個步驟十分重要。這個函數的參數十分簡單：輸入影像、輸出影像、影像上下左右的邊界寬度以及新邊界的顏色。

範例的卡片影像會產生以下的裁切結果：

現在可以將一切組合起來，以下是主函數的各個步驟：

- 載入卡片影像
- 呼叫 binarization 函數
- 找出所有的文字區域
- 在視窗中顯示出各個區域

以下是 main 函式的內容：

```cpp
int main(int argc, char* argv[])
{
    // 載入票卡影像並二值化
    auto ticket = binarize(imread("ticket.png"));
    auto regions = findTextArea(ticket);
    // 對每個區域
    for (const auto& region : regions) {
        // 裁切
        auto cropped = deskewAndCrop(ticket, region);

        // 顯示
        imshow("Cropped text", cropped);
        waitKey(0);
        destroyWindow("Border Skew");
    }
}
```

完整的程式碼請參考本書隨附檔案中的 segment.cpp 檔案。

安裝 Tesseract OCR

Tesseract 是個開放源碼 OCR 引擎，原先是由惠普布里斯托實驗室（Hewlett-Packard Laboratories, Bristol）與惠普公司所開發，所有的程式碼都以 Apache License 授權，程式碼代管網址是 https://github.com/tesseract-ocr。這是目前最正確的 OCR 引擎，能夠讀取許多不同的影像格式，轉換超過 60 種以上語言的文字。本節要帶著讀者在 Windows 或 Mac 上安裝 Tesseract，由於 Linux 有太多不同的發佈版本，就不特別介紹在 Linux 上的安裝方式。通常套件儲存庫都會提供 Tesseract 的安裝套件，在動手編譯 Tesseract 之前記得要先搜尋一下。

在 Windows 上安裝 Tesseract

Tesseract 使用 **C++ Atchive Network**（**CPPAN**）作為相依管理工具，安裝 Tesseract 的步驟如下。

建置最新版函式庫

1. 從 https://cppan.org/client/ 下載最新版的 CPPAN 用戶端程式。

2. 從命令列執行
   `cppan --build pvt.cppan.demo.google.tesseract.tesseract-master`

在 Visual Studio 設定 Tesseract

1. 設定 VisualC++ 的套件管理工具 vcpkg，網址是 https://github.com/Microsoft/vcpkg。

2. 對 64 位元編譯使用 `vcpkg install tesseract:x64-windows` 命令，也可以加上 `--head` 使用主分支（master branch）版本。

靜態連結

也可以在專案中以靜態連結（static link，`https://github.com/tesseract-ocr/tesseract/wiki/Compiling#static-linking`）方式使用 Tesseract。靜態連結能夠避免打包執行檔時需要包含 `dlls` 檔案，32 位元編譯環境使用的命令與先前類似：

```
vcpkg install tesseract:x86-windows-static
```

安裝 64 位元版本的環境則需要使用以下命令：

```
vcpkg install tesseract:x64-windows-static
```

在 Mac 上安裝 Tesseract

在 Mac 上安裝 Tesseract OCR 最簡單的方式是使用 **Homebrew**。要是還沒有安裝 Homebrew，只需要到 Homebrew 網站（`http://brew.sh/`），打開終端機，執行首頁上的 **Ruby 命令稿**即可，安裝過程可能需要輸入管理員帳號的密碼。

安裝好 Homebrew 之後，只需要輸入以下命令：

```
brew install tesseract
```

安裝包中已經包含了英語的資料，要是需要安裝其他的語言包，可以執行以下命令：

```
brew install tesseract --all-languages
```

這會安裝所有的語言包，接下來只需要到 Tesseract 的安裝目錄下，刪除其他不需要的語言即可。Homebrew 通常會將軟體安裝在 `/usr/local/` 目錄。^{譯註 7}

使用 Tesseract OCR 函式庫

雖然 Tesseract OCR 已經整合到 OpenCV 3.0 了，但仍然值得深入研究 Tesseract OCR 的 API，能夠對 Tesseract 參數有更細緻的控制。整合的部份留待第 11 章「用 *Tesseract* 辨識文字」再作介紹。

譯註 7　最新版（4.0.0）Tesseract 的語言包安裝命令是 `brew install tesseract-lang`。

建立 OCR 功能

接下來將先前的範例改用 Tesseract，先從加入 tesseract/baseapi.h 與 fstream 引入檔開始：

```
#include <opencv2/opencv.hpp>
#include <tesseract/baseapi.h>

#include <vector>
#include <fstream>
```

接著，建立全域的 TessBaseAPI 物件，代表 Tesseract OCR 的引擎：

```
tesseract::TessBaseAPI ocr;
```

引擎能夠提供所有的功能，要是想要建立多緒 OCR 軟體，只需要在每個執行緒加入不同的 TessBaseAPI 物件即可，每個引擎的執行都能夠符合多緒安全的要求。開發人員只需要確定各執行緒寫入不同的檔案，否則就得自行處理寫入操作的安全性。

接著要建立一個 identifyText 函數，負責執行 OCR 功能：

```
const char* identifyText(Mat input, const char* language = "eng")
{
    ocr.Init(NULL, language, tesseract::OEM_TESSERACT_ONLY);
    ocr.SetPageSegMode(tesseract::PSM_SINGLE_BLOCK);
    ocr.SetImage(input.data, input.cols, input.rows, 1, input.step);
    const char* text = ocr.GetUTF8Text();
    cout << "Text:" << endl;
    cout << text << endl;
    cout << "Confidence: " << ocr.MeanTextConf() << endl;
    // 取得文字
    return text;
}
```

接下來逐行說明程式碼，首先呼叫 Init 函式初始化 Tesseract，函式的簽章如下：

```
int Init(const char* datapath, const char* language, OcrEngineMode oem)
```

參數的意義說明如下：

- dataPath：表示 tessdata 檔案的根目錄所在的位置，這個參數必須以斜線（／）字元結束，tessdata 目錄包含了系統安裝的語言檔案，傳入 NULL 會搜尋 Tesseract 安裝的目錄，也就是一般 tessdata 所在的位置。一般在部署應用程式時常會將這個參數值改為 args[0]，再將 tessdata 目錄納入在應用程式目錄裡。

- language：三個字元的語言碼（例如 eng 代表英文、por 代表葡萄牙文、hin 代表北印度話 Hindi），Tesseract 也支援使用 + 號載入多種語言，所以傳入 eng+por 會同時載入英文與葡萄牙文。當然，只能夠使用有安裝的語言，否則就會載入失敗。語言設定檔（config）可能會指明必須同時載入其他二種以上的語言，為了避免這種情況，可以使用 ~ 號，例如用 hin+~eng 確保即使設定檔作了設定，英語也不會跟著 Hindi 一同載入。

- OcrEngineMode：表示要使用的 OCR 演算法，可以使用以下數值：

  - OEM_TESSERACT_ONLY：只使用 Tesseract，速度最快，但精確度也較低。

  - OEM_CUBE_ONLY：使用 Cube 引擎，速度較慢但較正確，只有在語言被訓練為支援這種引擎模式時才會有用。要檢查使用的語言是否符合條件，請參考所使用的語言在 tessdata 目錄下的 .cube 檔案，英語確定能夠支援。

  - OEM_TESSERACT_CUBE_COMBINED：同時結合 Tesseract 與 Cube 以期能夠達到最佳的 OCR 分類結果，這種引擎最為正確，但執行速度也最慢。

  - OEM_DEFAULT：試著依據語言的 config 檔與命令列的 config 檔推導出最適合的策略，兩個檔案都找不到的時候會使用 OEM_TESSERACT_ONLY。

需要特別強調的是 Init 函式可能被執行多次，只要指定不同的語言或引擎模式，Tesseract 就會清掉前一次的設定，重新開始。要是指定相同的參數，Tesseract 也夠聰明，能夠忽略重複的命令，init 執行成功會傳回 0，失敗則傳回 -1。

程式碼接著設定分頁模式：

```
ocr.SetPageSegMode(tesseract::PSM_SINGLE_BLOCK);
```

有幾種不同的分頁模式可供使用，分別說明如下：

- PSM_OSD_ONLY：使用這個模式的時候，Tesseract 會執行自己的前置處理演算法，偵測方向與手寫偵測。

- PSM_AUTO_OSD：告訴 Tesseract 執行自動分頁與方向、手寫偵測。

- PSM_AUTO_ONLY：只做分頁，不做方向、手寫偵測，也不做 OCR。

- PSM_AUTO：執行分頁與 OCR，但不做方向與手寫偵測。

- PSM_SINGLE_COLUMN：假設各種不同大小的文字顯示在同一欄裡。

- PSM_SINGLE_BLOCK_VERT_TEXT：將影像視為包含垂直對齊的單一個區塊。

- PSM_SINGLE_BLOCK：單一區塊文字，也是預設值，因為經過前置處理之後能夠保證滿足這個條件，範例程式會使用這個模式。

- PSM_SINGLE_LINE：表示影像只包含一行文字。

- PSM_SINGLE_WORD：表示影像只包含一個詞彙。

- PSM_SINGLE_WORD_CIRCLE：表示影像只包含一個放置為圓形的詞彙。

- PSM_SINGLE_CHAR：表示影像只包含單一個字母。

要注意的是 Tesseract 和大多數的 OCR 函式庫一樣，已經實作了 **deskewing** 與文字分割演算法，但要知道這些演算法的運作方式，能夠在必要的時候自行提供客製版本，從各種方面改善文字偵測的結果。例如，要是針對老舊文件開發的 OCR 應用程式，由於 Tesseract 預設是建立黑色的背景，可能會被邊界混淆或是產生嚴重的文字偏斜。

接下來程式呼叫 SetImage 方法，函式簽章是：

```
void SetImage(const unsigned char* imagedata, int width,
  int height, int bytes_per_pixel, int bytes_per_line);
```

參數名稱就能夠清楚說明其用途，大多也能夠直接從 Mat 物件取得：

- data：含有原始影像資料的位元組陣列，OpenCV 提供的 Mat 類別的 data() 函式，能夠取得指向資料的指標。

- width：影像的寬。

- height：影像的高。

- bytes_per_pixel：每個像素的位元組個數，因為處理的是二值影像，所以範例程式使用 1。要是想要讓程式碼更為通用，也可以使用 Mat::elemSize() 函式提供相同的資訊。

- bytes_per_line：每行需要的位元組個數，因為某些影像會在結尾加入空白，範例程式使用 Mat::step。

接著程式呼叫 GetUTF8Text 執行辨識程序，辨識出來的文字會以不含 BOM 資訊的 UTF8 編碼傳回，程式在傳回辨識出的文字之前，先列印了一些除錯訊息。

MeanTextConf 傳回信賴度，數值介於 0 到 100 之間：

```
char* text = ocr.GetUTF8Text();
cout << "Text:" << endl;
cout << text << endl;
cout << "Confidence: " << ocr.MeanTextConf() << endl << endl;
```

輸出到檔案

接著要調整 main 方法，將辨識出的結果輸出到檔案，使用的是標準的 ofstream：

```
int main(int argc, char* argv[])
{
    // 載入票卡影像並二值化
    Mat ticket = binarize(imread("ticket.png"));
    auto regions = findTextAreas(ticket);

    std::ofstream file;
    file.open("ticket.txt", std::ios::out | std::ios::binary);

    // 對每個區域
    for (const auto& region : regions) {
        // 裁切
        auto cropped = deskewAndCrop(ticket, region);
```

```
        auto text = identifyText(cropped, "por");
        file.write(text, strlen(text));
        file << endl;
    }
    file.close();
}
```

特別注意以下這行程式：

```
file.open("ticket.txt", std::ios::out | std::ios::binary);
```

會用二進位模式開啟檔案，這個步驟十分重要，Tesseract 傳回的文字是以 UTF-8 編碼，必須考慮到 Unicode 的特殊字元。範例用以下程式碼直接寫入到檔案：

```
file.write(text, strlen(text));
```

範例裡指定葡萄牙語為輸入語言呼叫 identifyText（這也是票卡上文字使用的語言），各位可以使用其他的圖片。

完整程式碼在本書隨附檔案裡的 segmentOcr.cpp 當中。

因為筆者認為各位會想要在研究程式碼的同時，也在視窗裡顯示影像內容，所以使用的是低解析度的 ticket.png 檔案；Tesseract 對這個影像的執行結果並不會太好，要是想要測試更高解析度的影像，程式碼裡也提供了 ticketHigh.png 檔案。用高解析度檔案測試時必須將擴展次數改為 12 次，並將最小方框尺寸從 20 改為 60，就會得到更高的信賴度（大約 87%）並產生出能夠閱讀的文字。segmentOcrHigh.cpp 檔案裡就包含了這些必要的更動。

小結

本章簡單的介紹了 OCR 應用程式，說明這類系統在前置處理階段必須依據要辨識的文件類型作不同的調整；也學到在前置處理文字檔案時常用的操作，例如閾值運算、裁切、偏斜以及文字區域切割；最後介紹了安裝與使用 Tesseract OCR 的方法，並使用 Tesseract OCR 將影像轉換為文字。

下一章將會使用更成熟的 OCR 技巧辨識隨手拍攝的照片或影片裡的文字 – 也就是一般稱為情境文字辨識的情況。這是更加複雜的情境，文字可能出現在影像的任何位置，使用各種不同的字型，同時還會有不同的光線照明與方向，甚至還可能完全沒有任何文字！我們會學到如何利用 OpenCV 3.0 的文字擴展模組，其能夠與 Tesseract 完美的整合。

11

用 Tesseract 辨識文字

第 10 章「為文字辨識開發分段演算法」介紹了非常基本的 OCR 處理函數，雖然都是對於掃描或拍照而來的文件十分有用的函數，但在處理隨手拍攝影片中的文字幾乎沒有任何用處。

本章要探討 OpenCV 4.0 文字模組，這個模組特別適合處理場景文字偵測。透過這些 API 能夠偵測到出現在 webcam 影片中的文字、分析照片影像（如街景圖或監控相機拍攝的照片）即時萃取出文字訊息，並能夠建立許多不同的應用，包含可用性、行銷乃至機器人領域。

讀完本章，讀者將能夠做到：

- 了解場景文字辨識
- 了解文字 API 的運作
- 使用 OpenCV 4.0 文字 API 偵測文字
- 萃取影像中偵測到的文字
- 使用文字 API 與 Tesseract 整合辨識文字

技術要求

讀者需要熟悉基本的 C++ 程式語言，本章的所有程式碼都可以從以下的 GitHub 網址取得：https://github.com/PacktPublishing/Learn-OpenCV-4-By-Building-Projects-Second-Edition/tree/master/Chapter_11。程式碼應該可以在所有的作業系統執行，但筆者只有在 Ubuntu 上測試。

讀者可以在以下網址的影片中看到程式實際執行的效果：

http://bit.ly/2Slht5A

文字 API 運作方式

文字 API 實作了 *Lukás Neumann* 與 *Jiri Matas* 在 2012 年的 **Computer Vision and Pattern Recognition（CVPR）**研討會中所提出的〈*Real-Time Scene Text Localization and Recognition*〉一文介紹的演算法。這篇論文代表了在場景文字偵測上的突破，在 CVPR 資料庫與 Google 街景資料庫都能夠執行得十分完善。在開始使用 API 之前，先介紹底層使用的演算法，說明演算法處理場景文字偵測的方式。

 切記 OpenCV 4.0 文字 API 並不包含在標準 OpenCV 模組當中，其是在 OpenCV contrib 套件中的額外模組，要是讀者是使用 Windows 安裝程式安裝 OpenCV，請參考第 1 章「*OpenCV 入門*」中對安裝模組的相關介紹。

場景偵測問題

偵測隨機出現的場景中文字問題看起來比表面上還要更難，相較於識別掃描的文字多了許多新的變數，分別說明如下：

- **三維影像（Tridimensionality）**：文字可能是任何尺寸、方向與角度，此外，文字可能只出現一部份或被遮蓋，實際上在影像中可能出現成千上萬種不同可能的區域。

- **多樣性（Variety）**：文字可能有各種不同的字型與色彩，字體可能有外框也可能沒有，背景可能是暗色、亮色或複雜的圖樣。

- **照明與陰影（Illumination and shadows）**：陽光的位置與呈現的顏色會隨著時間改變，如霧、雨之類不同的天氣狀況也會產生噪訊。即使在封閉空間照明都可能是個問題，因為光線會從有顏色的物體反射到文字上。

- **模糊（Blurring）**：文字可能出現在自動對焦鏡頭焦點之外的位置，移動式相機也經常會出現模糊的情況，原因可能是文字的角度，也可能是因為起霧。

下圖是取自 Google 街景的圖片，能夠呈現出上述的各種問題。可以發現在單一張影像裡就同時出現上述多個問題：

在這類情況處理文字辨識可能需要耗費大量計算資源，總共需要考慮 2^n 個可能出現文字的像素的子集合，其中 **n** 是影像的像素個數。

為了降低複雜度，通常會使用以下兩種常見的策略：

- **使用滑動視窗（sliding window）搜尋影像矩陣的子集合**，這個策略只是降低子集合的數量，區域的數量會依考慮的文字的複雜度而有所不同，演算法只需要處理文字的旋轉，相對於同時考慮旋轉、偏斜、視角等就可以選用較少的區域數量。這個方法的優點是簡單，但通常會受限於較小範圍的字型，也會受限於特定的詞庫。

- **使用連結組件分析**，這個作法假設能夠將有相似特性的像素分成不同的區域，這些區域會有較高的機會被辨識為文字，這個方法的優點是不受限於文字的特性（方向、大小、字型等），同時也提供了能夠切割出文字給 OCR 的分段區域，這也是在第 10 章「**為文字辨識開發分段演算法**」中使用的方法。照明也可能會影響結果，例如當陰影蓋在文字上時會產生兩個不同的區域，然而，由於場景偵測通常用在移動載具（如無人機或汽車）與影像，最終仍然會辨識出文字，因為每個畫格的照明狀況都會有所不同。

OpenCV 4.0 的演算法使用第二種作法，執行連結組件分析同時搜尋外部區域。

極值區域

極值區域（extremal regions）是指有相同強度同時被對比背景包圍的連結區域，區域的穩定性（stability）可以透過計算區域對閾值變異的抗性（resistant）而得，變異則可以透過以下這個簡單的演算法計算：

1. 透過閾值運算產生影像 A，偵測其相連區域（極值區域）。

2. 將閾值增加差異（delta）量產生影像 B，偵測其中的相連像素區域（極值區域）。

3. 比較影像 B 與 A，要是影像 A 的區域與影像 B 的相同區域相似，就將加到樹的相同分支，相似的條件可以依實作而不同，但通常會與影像區域或一般的形狀有關。要是影像 A 的區域在影像 B 中分為兩個部份，就在樹中建立兩個分支，分別代表新的區域，再將分支關連到之前的分支。

4. 要是 $A=B$ 就回到步驟 2，直到閾值達到最大值。

這會產生由區域形成的樹，如下圖：

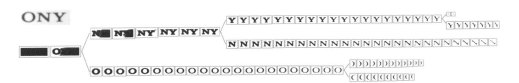

計算同一層的節點數量就可以得到對變異的抗性。分析樹也可以得到 **Maximally Stable Extremal Regions**（**MSERs，最大穩定極值區域**），也就是在各種不同閾值間仍然能夠維持穩定的區域。對於先前的影像而言，這些區域顯然會包含 *O*、*N* 與 *Y* 三個字母。最大極值區域主要的缺點在於對模糊狀態的處理偏弱，OpenCV 在 feature2d 模組提供了 MSER 特徵偵測器。極值區域有趣的原因在於對照明、尺寸與方向有很強的不變性，同時也因為不會受到使用字體的變化影響，是處理文字很好的標的，即使使用特殊樣式的字體仍然能夠保有這樣的特色。每個區域也能夠依序分析，找出定界橢圓，並擁有仿射轉換與能夠以數值方法決定區域等等的特性。最後，值得一提的是這整個程序的執行速度很快，十分適合即時應用程式。

極值區域濾鏡

雖然 MSERs 是判斷哪個極值區域值得進一步處理十分常用的方法，*Neumann* 與 *Matas* 演算法使用了另一種不同的作法，其將所有極值區送入一系列針對字母偵測訓練的分類器，這些分類器依照以下兩種不同的階段運作：

1. 第一個階段逐步增量計算每個區域的描述子（定界框、周長、面積與尤拉數），這些描述子會送入分類器，估算區域屬於各字母的機率，只有高機率的區域才會被選擇送入階段二。

2. 這個階段會計算整個區域的長寬比、凸包比（convex hull ratio）與外部邊界的反曲點等特徵，這些特徵能夠提供進一步的資訊，讓分類器能夠忽略非文字的影像，但這些特徵的計算速度也比較慢。

OpenCV 在 `ERFilter` 類別實作了這個程序,也能夠使用不同的影像單通道投影,如 *R*、*G*、*B*、亮度或灰階轉換,以提高文字的辨識率。最後,所有的字母必須結合成文字區域(例如詞彙或段落),OpenCV 3.0 提供了兩個演算法能夠符合這個目的:

- **Prune Exhaustive Search**:同樣是由 *Mattas* 在 2011 年提出的演算法,不需要任前置訓練或分類,但僅適用於水平對齊的文字。

- **Hierarchical Method for Oriented Text**:適用於任何方向的文字,但需要事先訓練分類器。

由於這些運算需要分類器,也就需要提供訓練的資料集作為輸入,OpenCV 4.0 在 sample 套件(`https://github.com/opencv/opencv_contrib/tree/master/modules/text/samples`)裡提供一部份訓練過的資料集,這也表示演算法會受到訓練分類器時使用字體的影響。

Neumann 在 `https://www.youtube.com/watch?v=ejd5gGea2Fofeature=youtu.be` 提供的影片示範了這個演算法的運作。一旦文字分段之後,就只需要將它送入 Tesseract 之類的 OCR 軟體,這部份的過程與第 10 章「**為文字辨識開發分割演算法**」類似,唯一的差異在於這次要透過 OpenCV 的文字模組與 Tesseract 互動,因為這個模組封裝了實際使用的特定 OCR 引擎。

使用文字 API

理論就說到這邊,接下來要實際使用文字(text)模組,先介紹使用文字模組作文字偵測、萃取與辨識。

文字偵測

首先要建立使用 ERFilters 作文字分割的簡單程式,程式裡會使用由文字 API 範例訓練好的分類器。各位可以在 OpenCV 程式儲存庫下載,本書隨附的程式碼也提供了相同的資料。

首先要引入所有需要的 libs 與 usings：

```
#include   "opencv2/highgui.hpp"
#include   "opencv2/imgproc.hpp"
#include   "opencv2/text.hpp"

#include   <vector>
#include   <iostream>

using namespace std;
using namespace cv;
using namespace cv::text;
```

在「**極值區域濾鏡**」一節裡提過 ERPFilter 可以處理個別的影像通道，所以必須將每個想要使用的通道分離為獨立的 cv::Mat 通道，separateChannels 函式就負責這項操作：

```
vector<Mat> separateChannels(const Mat& src)
{
    vector<Mat> channels;
    // 灰階影像
    if (src.type() == CV_8U || src.type() == CV_8UC1) {
        channels.push_back(src);
        channels.push_back(255-src);
        return channels;
    }

    // 彩色影像
    if (src.type() == CV_8UC3) {
        computeNMChannels(src, channels);
        int size = static_cast<int>(channels.size())-1;
        for (int c = 0; c < size; c++)
            channels.push_back(255-channels[c]);
        return channels;
    }

    // 其他類型
    cout << "Invalid image format!" << endl;
    exit(-1);
}
```

程式先驗證影像是否為單通道影像（例如灰階影像），是的話，只需要加入影像與反轉影像作處理，不需要任何處理。否則，就必須檢查是否是 **RGB** 影像。對彩色影像呼叫 computeNMChannels 將影像分離為數個通道，函數定義如下：

```
void computeNMChannels(InputArray src, OutputArrayOfArrays channels, int
mode = ERFILTER_NM_RGBLGrad);
```

參數說明如下：

- src：來源陣列，必須是 8UC3 類型的彩色影像。

- channels：Mats 的向量，會填入產生的各個通道。

- mode：定義計算通道使用的模式，可以使用以下兩種數值：

  - ERFILTER_NM_RGBLGrad：代表演算法使用 RGB 色彩、光線與梯度強度（gradient magnitude）值作為通道（也是預設值）。

  - ERFILTER_NM_IHSGrad：表示影像會依據強度、色調（hue）、飽和度（saturation）與梯度強度分離。

程式也在向量中加入每個影像組成的反轉影像，由於影像會有三個不同的通道（R、G 與 B），這樣通常就夠了，但也可以加上未反轉的通道，如先前去除灰階的作法；但這麼一來會產生六個通道，可能會耗費大量計算資源。當然，讀者可以自行用不同的影像測試，評估這種作法是否能產生較好的結果。最後，要是輸入其他種類的影像，函數會終止程式並顯示錯誤訊息。

加入反轉後的影像是為了讓演算法能夠同時找出在暗色背景上的亮色文字，以及在亮色背景上的暗色文字，梯度強度就沒有反轉的必要。

接下來是 main 函數，程式會對 easel.png 影像作分割，影像檔同樣在隨附檔案中提供：

這張影像是筆者在散步時用手機相機拍攝而得，程式寫法能讓使用者透過命令列參數指定處理的影像檔名稱：

```
int main(int argc, const char * argv[])
{
    const char* image = argc < 2 ? "easel.png" : argv[1];
    auto input = imread(image);
```

接著要將影像轉換為灰階影像，再呼叫 separateChannels 函數分離出各個通道：

```
    Mat processed;
    cvtColor(input, processed, CV_RGB2GRAY);

    auto channels = separateChannels(processed);
```

要是各位想要處理彩色影像的各個通道，只需要將第二行程式改成：

```
Mat processed = input;
```

程式會需要分離六個（RGB 與各自的反轉）而不是兩個（灰階與其反轉）通道，實際上增加的處理時間比能夠獲得的改善要多得多。取得需要的通道之後，接著要為演算法的兩個階段分別建立 ERFilter，還好 OpenCV text 模組提供了需要的函數：

```
// 用一階與二階分類器建立 ERFilter 物件
auto filter1 = createERFilterNM1(
    loadClassifierNM1("trained_classifierNM1.xml"),  15, 0.00015f,
  0.13f, 0.2f,true,0.1f);

auto filter2 = createERFilterNM2(
    loadClassifierNM2("trained_classifierNM2.xml"),0.5);
```

針對第一階段要呼叫 loadClassifierNM1 函數載入先前訓練好的分類模型，需要的參數只有包含訓練資料的 XML 檔案名稱。接著呼叫 createERFilterNM1 建立能夠執行分類操作的 ERFilter 類別實體。這個函數的簽章如下：

```
Ptr<ERFilter> createERFilterNM1(const Ptr<ERFilter::Callback>& cb, int
thresholdDelta = 1, float minArea = 0.00025, float maxArea = 0.13,
float minProbability = 0.4, bool nonMaxSuppression = true, float
minProbabilityDiff = 0.1);
```

參數說明如下：

- cb：分類模型，也就是 loadClassifierNM1 函數載入的模型。

- thresholdDelta：演算法每個迴圈需要增加的閥值差異量，預設值是 1，但範例中使用 15。

- minArea：可能找到文字的**極值區域**（**ER**）最小面積，數值表示影像尺寸的百分比，會直接忽略小於這個面積的 ER。

- maxArea：可能找到文字的 ER 最大面積，同樣以影像尺寸的百分比表示，會直接忽略大於這個面積的 ER。

- minProbability：區域要能夠進入下一個階段的最小機率。

- nonMaxSupression：表示每個分支的機率是否執行非最大抑制（non-maximum suppression）。

- minProbabilityDiff：表示最小與最大極值區域間最小的機率差。

第二階段的處理也很類似，先呼叫 `loadClassifierNM2` 載入第二階段的分類模型，再呼叫 `createERFilterNM2` 建立第二階段的分類器。這個函數只需要已經載入的分類模型，與區域被考慮為特定字母所需要的最低機率兩個參數。接下來就對每個通道呼叫演算法，找出所有可能的文字區域：

```
// 使用 MERs 演算法萃取文字區域
cout << "Processing " << channels.size() << " channels...";
cout << endl;
vector<vector<ERStat> > regions(channels.size());
for (int c=0; c < channels.size(); c++)
{
    cout << "    Channel " << (c+1) << endl;
    filter1->run(channels[c], regions[c]);
    filter2->run(channels[c], regions[c]);
}
filter1.release();
filter2.release();
```

先前的程式使用 `ERFilter` 的 `run` 函數，這個函數需要以下兩個參數：

- **輸入通道**：要處理的影像。

- **區域（regions）**：在演算法第一階段，這個參數會被填入偵測到的區域。在第二階段（由 `filter2` 處理），參數必須是由第一階段選出的參數，這些區域會進一步被第二階段處理與過濾。

最後，因為程式已經不再需要這兩個分類器，就釋放各自的資源。分割的最後階段是將所有的 **ERRegions** 聚集起來，形成可能的詞彙並定義各定界框，這可以透過呼叫 `erGrouping` 函數完成：

```
// 從區域分離出字元群組
vector< vector<Vec2i> > groups;
vector<Rect> groupRects;
erGrouping(input, channels, regions, groups, groupRects, ERGROUPING_
ORIENTATION_HORIZ);
```

這個函數的簽章如下：

```
void erGrouping(InputArray img, InputArrayOfArrays
channels, std::vector<std::vector<ERStat> > &regions,
std::vector<std::vector<Vec2i> > &groups, std::vector<Rect> &groups_
rects, int method = ERGROUPING_ORIENTATION_HORIZ, const std::string&
filename = std::string(), float minProbablity = 0.5);
```

各參數定義如下:

- `img`:輸入影像,也稱為原始影像。

- `regions`:已經萃取出單通道影像區域所形成的向量。

- `groups`:分組後區域索引形成的輸出向量,每組區域包含單一詞彙的所有極值區域。

- `groupRects`:偵測到的文字區域所形成的矩陣串列。

- `method`:分組的方法,可以使用以下數值:

  - `ERGROUPING_ORIENTATION_HORIZ`:這是預設值,只會產生水平方向文字的分組,使用的是由 *Neumann* 與 *Matas* 原先提出的地毯式搜尋法。

  - `ERGROUPING_ORIENTATION_ANY`:會產生所有方向的文字所形成的分組,使用 **single linkage clustering** 與分類器,要是程式選擇這種方法,就必須在下個參數指定分類器模型的檔案。

  - `Filename`:分類器模型的名稱,只有在使用 `ERGROUPING_ORIENTATION_ANY` 的時候才需要。

  - `minProbability`:偵測可接受分組時需要的最低機率,另外,這個參數只有在選擇 `ERGROUPING_ORIENTATION_ANY` 時才需要。

程式碼也示範了第二種呼叫方式,但被註解掉了。讀者可以在兩種方法之間切換,只需要將前一個呼叫註解掉,再移除以下程式的註解:

```
erGrouping(input, channels, regions,
    groups, groupRects, ERGROUPING_ORIENTATION_ANY,
    "trained_classifier_erGrouping.xml", 0.5);
```

範例的呼叫方式使用了文字模組 sample 套件提供的預設訓練過的分類器。最後,可以標記出定界框並顯示最後的結果:

```
// 描繪群組方框
for (const auto& rect : groupRects)
    rectangle(input, rect, Scalar(0, 255, 0), 3);

imshow("grouping",input);
waitKey(0);
```

程式執行後的輸出結果如下圖：

各位可以在 detection.cpp 檔案中看到完整的程式碼。

雖然大多數 OpenCV 文字模組中的函式都能夠支援灰階與彩色影像的輸入參數，但本書寫作時，有臭蟲導致無法使用灰階影像作為 erGrouping 等函數的參數。詳情請參看 https://github.com/Itseez/opencv_contrib/issues/309。

請記得 OpenCV contrib 模組套件並不如 OpenCV 預設套件那麼的穩定。

文字萃取

偵測出區域之後,在送入 OCR 之前還必須裁切出文字。可以直接將每個區域視為**目標區域**(**ROI**,**region of interest**)使用如 getRectSubpix 或 Mat::copy,但由於文字可能有所偏斜,或是裁切到一些不想要的文字,例如以下就是依據目標區域矩形所裁切出的區域:

所幸 ERFilter 提供了 ERStat 物件,包含每個極值區域內的像素,有了這些像素,就能夠利用 OpenCV floodFill 函數重新建構出每個字母。這個函數能夠從某個基準點(seed point)描繪出有顏色的像素,就像大多數繪圖軟體所提供的 **bucket** 工具,函數的簽章如下:

```
int floodFill(InputOutputArray image, InputOutputArray mask, Point
seedPoint, Scalar newVal,
  CV_OUT Rect* rect=0, Scalar loDiff = Scalar(), Scalar upDiff =
Scalar(), int flags = 4 );
```

以下說明各個參數與其使用方式:

- image:輸入影像,範例會使用取得極值區域的通道影像,這也是一般函數執行填滿(flood fill)的區域,除非選擇了 FLOODFILL_MASK_ONLY 參數值。這種情況下會維持影像不變,在遮罩執行實際的描繪,這也正是範例程式採取的作法。

- mask:遮罩必須比輸入影像大上兩行與兩列,在填滿描繪像素時,會檢查遮罩中對應的像素值為 0,這時候會描繪並將遮罩中的像素設為 1(或是其他旗標指定的數值)。要是遮罩中的像素不為 0,填滿時就不會描繪該像素,範例中提供的是空白的遮罩,所以每個字母都會畫到遮罩當中。

- seedPoint:起始點,類似為在使用影像處理軟體的**油漆桶**(**bucket**)工具時點選的點。

- newVal:重繪像素時的新數值。

- loDiff 與 upDiff：分別代表處理的像素與鄰居差異的最小與最大值，落在範圍內就會描出鄰居像素。要是使用了 FLOODFILL_FIXED_RANGE 旗標，就會使用起始點與處理的像素間的差異。

- rect：非必要參數，限制了填滿的區域。

- flags：旗標的數值以位元遮罩表示。

  - 旗標的最低八個位元代表連通性數值，4 表示使用四邊的像素，而 8 則表示還必須考慮對角的像素，範例程式中使用 4。

  - 接下來的 8 到 16 個位元包含用來填入遮罩的 1 到 255 間的數值，由於想在遮罩內填入白色，所以使用 255 << 8。

  - 剩下的兩個位元可以透過加上 FLOODFILL_FIXED_RANGE 或 FLOODFILL_MASK_ONLY 旗標設定，方法如前述。

接著要建立 drawER 函數，需要四個參數：

- 包含有處理過通道的向量。

- ERStat 區域。

- 必須描繪的群組。

- 群組矩形。

這個函數會傳回包含由群組表示的詞彙的影像，先從建立遮罩影像與定義旗標開始：

```
Mat out = Mat::zeros(channels[0].rows+2, channels[0].cols+2, CV_8UC1);

int flags = 4                        // 4 向相鄰
    + (255 << 8)                     // 用白色(255) 繪製遮罩
    + FLOODFILL_FIXED_RANGE          // 固定範圍
    + FLOODFILL_MASK_ONLY;           // 只描繪遮罩
```

接著利用迴圈逐個群組處理，過程需要找出各組的索引與狀態，極值區域有可能是沒有包含任何點的根區域（root），必須略過這種情況：

```
for (int g=0; g < group.size(); g++)
{
    int idx = group[g][0];
    auto er = regions[idx][group[g][1]];

    // 忽略根區域
    if (er.parent == NULL)
            continue;
```

接著從 ERStat 物件中讀取像素坐標，坐標是以像素數表示，從上而下，由左往右計算。這個線性索引值必須轉換為 row(y) 與 column(z) 表示法，使用的公式與第 2 章「OpenCV 基礎介紹」介紹的相同：

```
int px = er.pixel % channels[idx].cols;
int py = er.pixel / channels[idx].cols;
Point p(px, py);
```

接著就可以呼叫 floodFill 函數，ERStat 物件能夠提供 loDiff 參數所需要的數值：

```
floodFill(
    channels[idx], out,                   // 影像與遮罩
    p, Scalar(255),                       // 種子與顏色
    nullptr,                              // 沒有矩陣
    Scalar(er.level),Scalar(0),          // LoDiff 與 upDiff
    flags                                 // 旗標
```

處理完群組裡的所有區域之後，會得到一個比原圖稍大的影像，有著黑色背景與白色文字，接下來只需要裁切出只有文字的部份。由於已經有了範圍的矩形，就將矩形定義為目標範圍：

```
out = out(rect);
```

接著找出所有非零值的像素,這也是後續要用在 minAreaRect 函數,取得包含文字旋轉後矩形的數值。最後,借用前一章的 deskewAndCrop 函數,裁切與旋轉影像:

```
vector<Point> points;
findNonZero(out, points);
// 使用 deskew 與 crop 完美裁切
return deskewAndCrop(out, minAreaRect(points));
}
```

處理的結果如下圖:

文字辨識

在第 10 章「為文字辨識開發分割演算法」裡直接使用 Tesseract API 辨識文字區域,這次要使用 OpenCV 提供的類別達到相同的目的。

OpenCV 所有 OCR 相關的類別都繼承自 BaseOCR 虛擬類別,這個類別本身為執行 OCR 方法提供了一致的介面。特定的實作必須繼承這個類別,text 模組預設提供了三個不同的實作:OCRTesseract、OCRHMMDecoder 以及 OCRBeamSearchDecoder。

類別結構可以描繪成以下的類別圖:

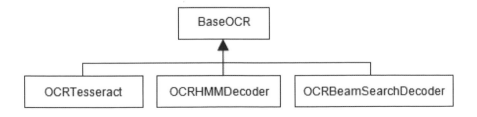

利用這種方式可以分離建立 OCR 機制與執行 OCR 的程式碼，簡化後續對 OCR 實作的改變。

接下來先建立依據字串決定使用的實作種類的方法，目前只支援 Tesseract，但本章隨附的程式碼也同時提供了 HMMDecorder 使用的示範。程式同時接受以字串參數表示 OCR 引擎的名稱，但可以進一步增加程式的彈性，讀取外部的 JSON 或 XML 設定檔：

```
cv::Ptr<BaseOCR> initOCR2(const string& ocr) { if (ocr == "tesseract") {
return OCRTesseract::create(nullptr, "eng+por"); } throw string("Invalid
OCR engine: ") + ocr; }
```

可以看到函數傳回 `Ptr<BaseOCR>`，接著注意特別標示的程式碼，會呼叫 `create` 方法初始化 Tesseract OCR 實體。以下是 `create` 方法正式的簽章，可以允許許多不同的指定參數：

```
Ptr<OCRTesseract> create(const char* datapath=NULL,
 const char* language=NULL,
 const char* char_whitelist=NULL,
 int oem=3, int psmode=3);
```

以下是各參數詳細的說明：

- `datapath`：指向 `tessdata` 檔案根目錄的路徑，這個路徑必須以斜線／結尾，`tessdata` 目錄包含系統安裝的語言檔案，傳入 `nullptr` 會讓 Tesseract 搜尋自身安裝所在的目錄，通常也就是語言檔安裝的位置。一般作法是將這個參數值改為 `args[0]`，然後在部署應用程式時將 `tessdata` 目錄加到應用程式目錄當中。

- `language`：代表語言碼的三個字母（例如 eng 代表英語，por 表示葡萄牙語，而 hin 表示 Hindi），Tesseract 支援同時載入多種語言，各語言碼間要用 + 號連結，所以傳入 `eng+por` 會同時載入英語與葡萄牙語。當然，程式只能使用有預先安裝的語言資料，否則就會載入失敗。另外可以使用語言設定檔指定二個以上必須載入的語言，也可以透過 ~ 號避免這種行為，例如使用 `hin+~eng` 確保即使設定檔指定了英語，載入 Hindi 時也不會同時載入英語資料。

- whitelist：要辨識的字元集，要是傳入 nullptr，辨識的字元就會是 0123456789abcdefghijklmnopqrstuvwxyzABCDEFGHIJKLMNOPQRSTUVWXYZ。

- oem：表示要使用的 OCR 演算法，可以使用以下數值：

  - OEM_TESSERACT_ONLY：只使用 Tesseract，速度最快，但精確度較低。

  - OEM_CUBE_ONLY：使用 cube 引擎，速度較慢但較為精確，只適用於選擇的語言有針對這個引擎模式訓練。可以參看 tessdata 目錄下，是否存在指定語言的 .cube 檔案，一定有支援英語。

  - OEM_TESSERACT_CUBE_COMBINED：結合 Tesseract 與 Cube 以達到最佳的 OCR 辨識效果，這個引擎有最高的正確率與最慢的執行速度。

  - OEM_DEFAULT：試著從語言 config 檔、命令列 config 檔找出最適當的策略，要是沒有提供任何設定檔，會使用 OEM_TESSERACT_ONLY。

- psmode：這是分割模式，可以指定以下數值：

  - PSM_OSD_ONLY：選擇這個模式，Tesseract 只會使用自己的演算法偵測方向與字跡。

  - PSM_AUTO_OSD：告訴 Tesseract 除了方向與字跡偵測外還要自動分頁。

  - PSM_AUTO_ONLY：作自動分割，但不作方向、字跡偵測，也不作 OCR，這是預設值。

  - PSM_AUTO：作自動分頁與 OCR，但不作方向與字跡偵測。

  - PSM_SINGLE_COLUMN：假設文字是顯示在同一欄裡的不同大小。

  - PSM_SINGLE_BLOCK_VERT_TEXT：將影像視為包含垂直對齊的單一個區塊。

  - PSM_SINGLE_BLOCK：單一區塊文字，也是預設值，因為經過前置處理之後能夠保證滿足這個條件，範例程式會使用這個模式。

- PSM_SINGLE_LINE：表示影像只包含一行文字。

- PSM_SINGLE_WORD：表示影像只包含一個詞彙。

- PSM_SINGLE_WORD_CIRCLE：表示影像只包含一個放置為圓形的詞彙。

- PSM_SINGLE_CHAR：表示影像只包含單一個字母。

針對最後兩個參數，建議透過 #include(tesseract) 目錄使用常數名稱而不是直接使用對應的數值。最後一步是在 main 函數加入文字辨識，這需要在 main 方法的最後加入以下程式碼：

```
auto ocr = initOCR("tesseract");
for (int i = 0; i < groups.size(); i++)
{
    auto wordImage = drawER(channels, regions, groups[i],
    groupRects[i]);

    string word;
    ocr->run(wordImage, word);
    cout << word << endl;
}
```

上述程式裡，先呼叫 initOCR 方法建立 Tesseract 實體，要注意的是，即使選用其他不同的 OCR 引擎，其他的程式碼也不需要改變，所有的方法都是透過 BaseOCR 類別的介面使用。接著，透過迴圈處理每個偵測到的 ERFilter 群組，由於每個群組代表不同的詞彙，程式要做以下的工作：

1. 呼叫先前建立的 drawER 函數為詞彙產生對應的影像。

2. 建立名為 word 的文字字串，接著呼叫 run 函數辨識詞彙影像，辨識出來的詞彙會儲存到字串裡。

3. 在畫面上列印出文字字串。

以下是 run 方法的簽章，這個方法定義在 BaseOCR 類別，對所有特定的 OCR 實作都相同，即使是未來加入的實作：

```
virtual void run(Mat& image, std::string& output_text,
  std::vector<Rect>* component_rects=NULL,
  std::vector<std::string>* component_texts=NULL,
  std::vector<float>* component_confidences=NULL,
  int component_level=0) = 0;
```

當然，這是個完全的虛擬函數，必須由透過實作類別（如範例程式使用的 OCRTesseract 類）實作：

- image：這是輸入影像，必須是個 RGB 或灰階影像。

- component_rects：可以提供向量，會填入 OCR 引擎所偵測到的每個元件（詞彙或是整行文字）的定界框。

- component_texts：提供這個參數時，向量會填入 OCR 偵測到的每個元件的文字字串。

- component_confidences：指定時這個向量會填入浮點數，表示每個元件的信賴值。

- component_level：定義了元件的意義，可以是 OCR_LEVEL_WORD（預設值）或 ORC_LEVEL_TEXT_LINE 值。

> 必要時，我們傾向於在執行 run() 方法時將 component_level 從詞彙改為行，而不是在 create() 函數的 psmode 參數做同樣的事，因為所有實作 BaseOCR 類別的 OCR 引擎都必須提供 run 方法，一般會比較建議採用這種作法。切記 create() 方法是用來放置第三方廠商專有設定的位置。

以下是程式的最後輸出：

儘管會因為 & 符號造成一些混淆，但程式正確的辨識出所有的詞彙！各位可以在本章隨附的 ocr.cpp 檔中看到完整的程式碼。

小結

本章看到了情境文字識別是比處理掃描文件更加困難的 OCR 狀況，我們介紹了文字模組使用 *Newmann* 與 *Matas* 演算法找出極值區域處理這個問題，也看到使用這個 API 搭配 floodFill 函數萃取出影像中的文字，將文字送到 Tesseract OCR；最後介紹了 OpenCV text 模組與 Tesseract 或其他 OCR 引擎的整合，並使用整合的類別找出影像中的文字。

下一章會介紹 OpenCV 裡的深度學習，讀者將會學到使用 **you only look once**（**YOLO**）偵測物體與分類的方法。

12

深度學習與 OpenCV

深度學習是機器學習最先進的型式，在影像分類與語音辨識上能達到最高的正確性；深度學習也被用在其他領域，包含機器人以及搭配強化學習的人工智慧，這也是 OpenCV 致力將深度學習納入核心的原因。本章要學習 OpenCV 深度學習介面的基本用法，介紹在物體偵測與人臉偵測這兩種情況的使用方式。

讀者在本章能夠一學到基本的深度學習概念、看到在 OpenCV 使用深度學習的方法。為了達到這個目的，接下來要學著使用 **you only look once**（**YOLO**）演算法作物體偵測與分類。

本章涵蓋以下主題：

- 什麼是深度學習？
- OpenCV 是如何搭配深度學習，實作深度學習**神經網路**（**neural networks，NNs**）？
- YOLO一非常快速的深度學習物體偵測演算法
- 使用 Signle Shot 偵測器作人臉偵測

技術要求

為了能夠跟上本章的內容，讀者需要安裝 OpenCV 以及編譯過的深度學習模組，本章的範例必須要有深度學習模組才能夠編譯與執行。

擁有具有 CUDA 支援的 NVIDIA GPU 會很有幫助，啟用 OpenCV 的 CUDA 功能能夠改善訓練與偵測的速度。

最後，可以在以下網址取得本章範例：`https://github.com/PacktPublishing/Learn-OpenCV-4-By-Building-Projects-Second-Edition/tree/master/Chapter_12`。

讀者可以在以下網址的影片中看到程式實際執行的效果：
`http://bit.ly/2SmbWf7`

深度學習簡介

深度學習是近來影像分類與語音辨識領域的研究論文最為熱門的主題，這是深度學習的領域之一，是以傳統類神經網路為基礎加上由人腦結構帶來的啟發。要了解這個技術，就必須要認識類神經網路及其運作方式。

什麼是類神經網路，如何從資料學習？

類神經網路源自於大腦結構的啟發，大腦中有許多相連的神經元，這些神經元形成網路，每個神經元都有多個輸入與多個輸出，像個生物的神經元。

這個網路會形成不同的分層，每層包含了連接到上一層神經元的神經元。網路一定會有一個輸入層與一個輸出層，輸入層一般是由描述輸入影像或資料的特徵所構成，輸出層則是由分類結果構成，其他的中間層被稱為「**隱藏層**」（**hidden layer**）。下圖是基本的三層類神經網路，其中輸入層由三個神經元構成，輸出層是兩個神經元，而隱藏層則由四個神經元構成：

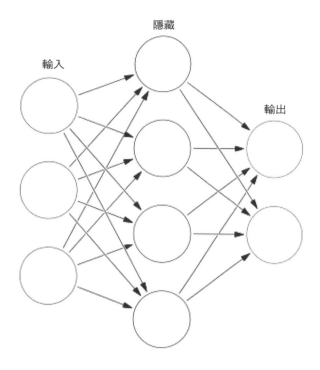

神經元是類神經網路的基本元素，神經元中包含了簡單的數學公式，如下圖所示：

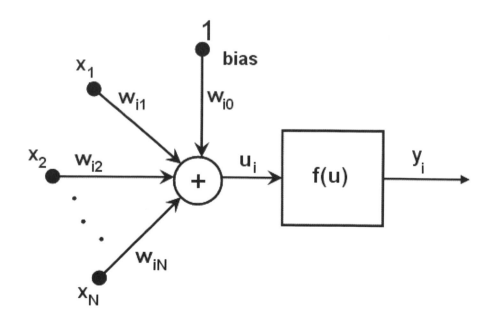

可以看到，對每個神經元 **i**，從數學上就是加入先前神經元的輸出，產生 activation function **f** 的擴充，也就是將先前神經元的輸出作為神經元 **i** 的輸入 **i(x1,x2...)**，經過加權 **(wi1, wi2...)** 再加上 bias 值；計算的結果就是神經元 **i** 的輸出：

$$yi = f(bias * W_{i0} + X_1 * W_{i1} + X_2 * W_{i2} + ... + X_n * W_{in})$$

傳統類神經網路中最常見的 activation function（**f**）就是 sigmoid 函數或線性函數，sigmoid 最為常用，函數圖形如下圖：

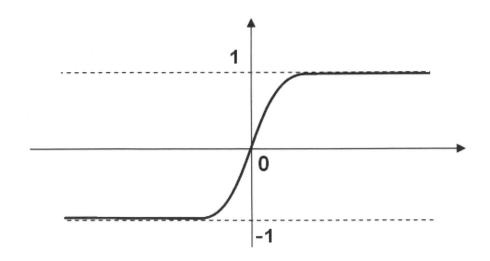

但是，透過這樣的公式與連結的類神經網路是怎麼學習的呢？該如何分類輸入的資料？如果我們知道預期的結果，就可以將類神經網路的演算法稱為「**監督式**」（**supervised**），在學習時會將輸入網路的輸入層指定為輸入的模式。一開始會以亂數設定所有的權重，接著將特徵輸入網路，檢查輸出的結果，如果結果錯誤，就調整所有的權重以取得正確的結果，這樣的演算法稱為「**反向傳播**」（**backpropagation**）演算法。如果想要進一步了解類神經網路的學習方式，可以參考 http://neuralnetworksanddeeplearning.com/chap2.html 與 https://youtu.be/IHZwWFHWa-w。

簡單介紹完類神經網路以及 NN 的內部結構之後，接下來要說明 NN 與深度學習的差異。

卷積神經網路

深度學習神經網路與傳統類神經網路有相同的基礎，但在影像分析領域，主要差異在輸入層。傳統機器學習演算法中，研究人員必須找出最能夠定義分類標的的特徵，例如，要是想要分類數字，可以萃取每個影像的外框與線段，測量影像中物體的面積等等所有的特徵，這些特徵就構成了類神經網路等各種機器學習演算法的輸入層。然而在深度學習領域，開發人員不需要探索需要的特徵，而是直接使用完整影像作為神經網路的輸入，深度學習能夠學會哪些是最重要的特徵，而「**深度神經網路**」（**deep neural networks**，**DNN**）則能夠偵測影像或輸入與辨識。

為了學習哪些是需要的特徵，會使用深度學習與神經網路裡最重要的分層之一：「**卷積層**」（**convolutional layer**）。卷積層的作用就是卷積運算子，卷積運算子會將 kernel 濾鏡作用到前一層整層，產生一個全新過濾後的影像，如同 sobel 運算子一般：

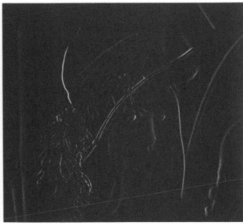

然而，在卷積層可以定義不同的參數，其中包含了想要套用到前一層或影像的濾鏡數量與大小。這些濾鏡是在學習階段計算而來，類似於傳統類神經網路的權重，這正是深度學習神奇的地方：深度學習能夠從標記後的影像萃取出最重要的特徵。

這些卷積層也正是「**深度**」這個名字背後主要的原因，在接下來這個很基本的例子裡會看到其中的理由。範例中使用的是 100×100 的影像，在傳統類神經網路裡，必須萃取輸入影像中，我們認為最相關的特徵，一般大約會有 1,000 個特徵左右，而在每個隱藏層都可以增加或減少數量，一般而言需要計算權重的神經元數量大都能夠合理的用一般的電腦計算出結果。然而，在深度學習裡，一般會從套用卷積層開始（64 個 3×3 的 kernel），這會產生新的一層，由 100×100×64 個神經元所組成，每個神經元需要計算 3×3×64 的權重。如果繼續加上更多的分層，神經元的數量就會快速增加，必須使用大量計算能力才能夠讓深度學習架構學到良好的權重與參數。

卷積層是深度學習架構最重要的面向，但除了卷積層之外還有其他重要的分層，例如 **Pooling**、**Dropout**、**Flatten** 以及 **Softmax**。在以下的圖示當中，可以看到由一些卷積層與 pooling 層堆積而成的基本深度學習架構：

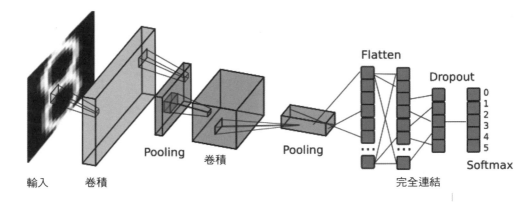

然而，還有一個非常重要的因素能讓深度學習取得最好的結果：標記資料的數量。如果只有少量的資料集，深度學習演算法就沒辦法在分類上發揮太大的作用，因為資料量不足，無法學到需要的特徵（深度學習架構的權重與參數）。然而，對於巨量資料，就能夠得到很好的結果。要注意的是，計算與學習深度學習架構的權重與參數需要大量時間，不會在初期就導入深度學習的原因，也正是這大量計算需要耗費的時間，所幸透過 NVIDIA GPU 等新近的平行架構，能夠最佳化學習反向傳播，加速學習工作。

OpenCV 中的深度學習

深度學習模組在 OpenCV 3.1 時以擴充模組（contribute module）引入，在 3.3 版時移入 OpenCV，但一直到 3.4.3 與 4 版時才受到開發人員的廣泛使用。

OpenCV 只在推論（inference）部份實作了深度學習，這代表無法在 OpenCV 裡自行建立與訓練深度學習架構，只能夠引入預先訓練好的模型；在 OpenCV 函式庫下執行，作為「**前饋**」（**feedforward**，推論）使用，獲得最後的結果。

實作前饋最重要的原因就是為了最佳化 OpenCV，加速推論過程的計算時間與效能，另一個不實作 backward 方法的原因是，避免浪費時間重複開發其他如 TensorFlow 或 Caffe 等函式庫專精的功能。OpenCV 在現有基礎上，建立適用大多數主要深度學習函式庫與框架的匯入器，以便於引入其他工具訓練後的模型 。

因此，如果想要建立供 OpenCV 使用的新模型，就必須先使用 TensorFlow、Caffe、Torch 或 DarkNet 框架，或是其他能夠匯出成 **Open Neural Network Exchange**（**ONNX**）格式的框架建立與訓練模型。依據使用框架的不同，建立模型過程的難易度也不同，基本上如先前圖示一般堆疊不同的分層，設定 DNN 需要的參數與函數。目前也有其他工具，不需要寫程式碼就能夠建立模型，例如 https://www.tensoreditor.com 或 lobe.ai，TensorEditor 能夠下載從視覺化設計架構產生的 TensorFlow 程式碼，能夠在個人電腦或雲端訓練。以下截圖就是 TensorEditor 的使用畫面：

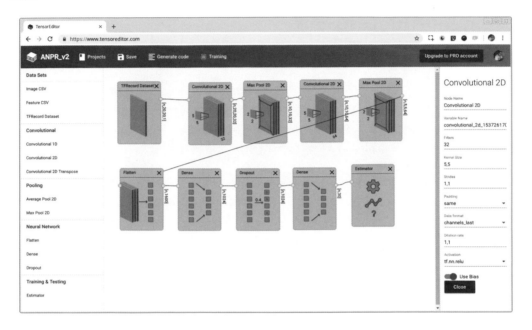

將模型訓練到滿意的程度之後，就能夠直接在 OpenCV 函式庫中引進模型，利用模型預測新的影像。下一節就會介紹在 OpenCV 引入與使用深度學習模型的方法。

YOLO — 即時物體偵測

接下來要介紹的是以 YOLO 演算法為基礎的物件偵測與分類範例,透過這個範例學習在 OpenCV 使用深度學習的方法。YOLO 是最快的物體偵測與辨識演算法,能夠在 NVIDIA Titan X 上以 30 fps 的速度執行。

YOLO v3 深度學習模型架構

物體偵測(common object detection)在傳統電腦視覺裡是使用滑動視窗(sliding window)的方式偵測物體,用不同的視窗尺寸大小掃描整個影像,這種作法主要的問題在於為了找出物體必須重複掃描影像多次,需要耗費大量的時間。

YOLO 使用不同的作法,將影像切割成 S×S 的網格,在每個網格裡,YOLO 會檢查 B 個定界框(boudning box),接著深度學習模型會從訓練資料集中對每個方框萃取每個小塊的定界框、包含可能物體的信心程度以及每個分類的信心程度。以下截圖顯示了 S×S 的網格:

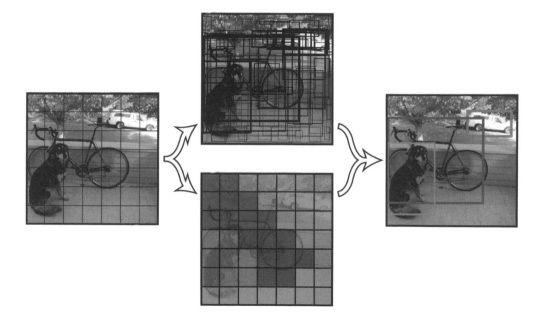

YOLO 是以 19 個網格，並對每個網格的 5 個定界框使用 80 個分類訓練，接著，輸出結果就是 **19×19×425**，其中 425 是來自資料的定界框（x、y、width、height）、物體信心程度（object confidence）以及 80 個分類（class）、信心程度乘上每個網格的方框數量；*5_ 定界框 *(x,y,w,h, object_confidence, classify_confidence[80]) = 5*(4 + 1 + 80)*：

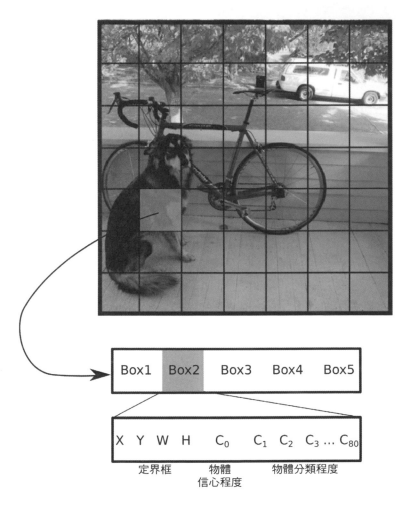

YOLO v3 架構在 DarkNet 的 53 層網路基礎上，加上了額外的 53 層網路，共有 106 層網路，如果想要更快的架構，可以看看層數較少的 v2 或 TinyYOLO 版本。

YOLO 資料集、詞彙與模型

在 OpenCV 程式碼匯入模型之前，必須先從 YOLO 網站下載：https://pjreddie.com/darknet/yolo/。這是個先用 COCO 資料訓練好的模型，能夠得到 80 種物體分類，包含人、雨傘、自行車、機車、汽車、蘋果、香蕉、電腦與椅子等。

如果想在呈現時使用分類的名稱，可以從以下網址取得所有的分類名稱：https://github.com/pjreddie/darknet/blob/master/data/coco.names?raw=true。

名稱的順序與深度學習的信心程度順序相同，如果想要看看 COCO 資料集各個分類的影像，可以在 http://cocodataset.org/#explore 瀏覽各個分類，也可以下載影像測試範例應用程式。

另外還需要取得模型組態與預先訓練的權重，下載網址如下：

- https://pjreddie.com/media/files/yolov3.weights

- https://github.com/pjreddie/darknet/blob/master/cfg/yolov3.cfg?raw=true

接下來就可以將模型匯入 OpenCV 了。

匯入 YOLO 到 OpenCV

OpenCV 深度學習模組的位置是 opencv2/dnn.hpp 標頭檔，必須在範例程式的標頭檔引入，並使用 cv:::dnn namespace。

範例程式的 OpenCV 標頭檔如下：

```
...
#include <opencv2/core.hpp>
#include <opencv2/dnn.hpp>
#include <opencv2/imgproc.hpp>
#include <opencv2/highgui.hpp>
using namespace cv;
using namespace dnn;
...
```

首先要做的是引入 COCO 名稱的詞彙，也就是 coco.names 檔案，這是個純文字檔，每行包含一個分類，各行順序與信心程度結果的順序相同。接著程式會逐行讀取檔案內容，將內容儲存為名為 classes 的字串向量：

```
...
int main(int argc, char** argv)
{
    // 載入影像與類別
    string classesFile = "coco.names";
    ifstream ifs(classesFile.c_str());
    string line;
    while (getline(ifs, line)) classes.push_back(line);
```

接著要將深度學習模型引入 OpenCV，OpenCV 實作了常見深度學習框架的讀取器／引入器，包含了 TensorFlow 與 DarkNet，所有的讀取器都使用相似的語法。對範例而言，要引入使用權重的 DarkNet 模型，也就是使用 readNetFromDarknet OpenCV 函式：

```
...
// 給定模型的組態與權重檔
String modelConfiguraiton = "yolov3.cfg";
String modelWeights = "yolov3.weights";
// 載入網路
Net net = readNetFromDarknet(modelConfiguration, modelWeights);
...
```

現在就可以讀取影像，送進深度神經網路作推論，首先必須用 imread 函數讀取影像，轉換為 **DotNetNuke**（**DNN**）能夠讀取的 tensor/blob 資料。範例程式將影像傳入 blobFromImage 函數產生影像的 blob 資料，這個函數接受以下參數：

- **image**：輸入影像（一、三或四通道）

- **blob**：輸出 Mat

- **scalefactor**：影像值的乘數

- **size**：輸出 blob 的空間大小，這個 blob 也就是 DNN 的輸入值

- **mean**：從各通道中減去的平均值 Scalar，對於 swapRB 設定為 true 的 BGR 影像，數值應該要依（mean-R，mean-G 與 mean-B）的順序

- **swapRB**：表示三通道影像的第一與最後一個通道值是否需要互換的旗標

- **crop**：表示影像在調整大小後是否需要裁切的旗標

讀者可以從完整程式碼裡看到讀取影像，並轉換為 blob 的程式片段如下：

```
...
input = imread(argv[1]);
// 影片結束時停止程式
if (input.empty()) {
    cout << "No input image" << endl;
    return 0;
}
// 從畫格建立 4D blob
blobFromImage(input, blob, 1/255.0, Size(inpWidth, inpHeight),
Scalar(0,0,0), true, false);
...
```

最後，必須透過 forward 函式將 blob 餵進 Deep Net 與呼叫推論，forward 函式需要兩個參數：輸出的 mat 結果，以及輸出層需要取得的名稱（names）：

```
...
// 設定網路輸入
net.setInput(blob);

// 執行正向傳遞，從輸出層取得輸出
vector<Mat> outs;
net.forward(outs, getOutputsNames(net));
// 移除低信心程度的定界框
postprocess(input, outs);
...
```

在輸出向量 mat 當中有類神經網路偵測到的所有定界框，必須對輸出作後處理，只保留信心程度高過閾值的結果，一般使用的閾值是 0.5，最後再套用非最大值抑制，消除重複重疊的方框。讀者可以在 GitHub 上找到完整的後處理程式碼。

範例程式是後的結果是使用深度學習的多物體偵測與分類程式，會在視窗中顯示如下圖的結果：

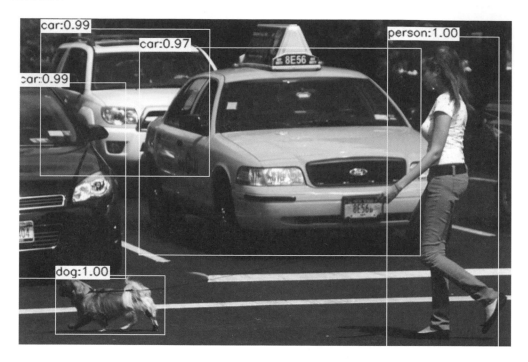

接下來要學習另一個常用、針對人臉偵測調整的物體偵測函式。

使用 SSD 作人臉偵測

Signle Shot Detection（**SSD**）是另一個快速、正確的深度學習物體偵測方法，概念上類似為 YOLO，使用相同的架構預測物體與定界框。

SSD 模型架構

SSD 演算法被稱為 single shot 是因為這個演算法在使用相同深度學習模型處理影像時，會同時預測定界框與分類。基本上，整個架構可以摘要如下：

1. 將 300×300 的影像輸入到架構

2. 輸入影像經過多個卷積層處理，取得在不同尺度的不同特徵

3. 對於步驟二取得的每個特徵 map，會透過 3×3 的卷積濾鏡運算出一小組的預設定界框

4. 對每個計算出來的預設方框，預測其定界框間距（offset）與類別的機率

模型架構看起來如下圖：

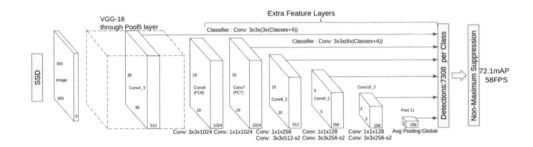

SSD 與 YOLO 同樣是用來預測多種不同的類型，但 SSD 可以修改為只偵測單一種物體，只需要改變最後一層，只對一種物體作訓練。這也是接下來的範例採用的作法，一個針對人臉偵測重新訓練的模型，只能夠預測一種類型的物體。

匯入 SSD 人臉偵測到 OpenCV

為了在程式中使用深度學習，必須引入對應的標頭檔：

```
#include <opencv2/dnn.hpp>
#include <opencv2/imgproc.hpp>
#include <opencv2/highgui.hpp>
```

接著還要引入需要的 namespace：

```
using namespace cv;
using namespace std;
using namespace cv::dnn;
```

現在要定義輸入影像的尺寸與程式碼中會用到的常數：

```
const size_t inWidth = 300;
const size_t inHeight = 300;
const double inScaleFactor = 1.0;
const Scalar meanVal(104.0, 177.0, 123.0);
```

如果想要處理相機或影片輸入，範例程式還需要一些輸入參數，例如模型組態以及預先訓練好的模型，還需要判斷預測結果是否正確的最小信心程度：

```
const char* params
= "{ help | false | print usage }"
"{ proto | | model configuration (deploy.prototxt) }"
"{ model | | model weights (res10_300x300_ssd_iter_140000.caffemodel) }"
"{ camera_device | 0 | camera device number }"
"{ video | | video or image for detection }"
"{ opencl | false | enable OpenCL }"
"{ min_confidence | 0.5 | min confidence }"
```

接著就是 main 函式，必須先使用 CommandLineParser 剖析輸入的引數：

```
int main(int argc, char** argv)
{
 CommandLineParser parser(argc, argv, params);

 if (parser.get<bool>("help"))
 {
 cout << about << endl;
 parser.printMessage();
 return 0;
 }
```

另外要載入模型架構與訓練好的模型檔，並將模型載入到深度學習網路：

```
String modelConfiguration = parser.get<string>("proto");
String modelBinary = parser.get<string>("model");

//! [Initialize network]
```

```
dnn::Net net = readNetFromCaffe(modelConfiguration, modelBinary;
// ! [Initialize network]
```

檢查是否正確引入網路十分重要，另外也需要使用 empty 函式檢查模型是否已成功引入，如以下程式：

```
if (net.empty())
 {
 cerr << "Can't load network by using the following files" << endl;
 exit(-1);
 }
```

載入網路之後，就可以初始化輸入來源（相機或影像檔），如下列程式般載入到 VideoCapture：

```
VideoCapture cap;
if (parser.get<String>("video").empty())
{
int cameraDevice = parser.get<int>("camera_device");
cap = VideoCapture(cameraDevice);
if(!cap.isOpened())
{
cout << "Couldn't find camera: " << cameraDevice << endl;
return -1;
}
}
else
{
cap.open(parser.get<String>("video"));
if(!cap.isOpened())
{
cout << "Couldn't open image or video: " << parser.get<String>("video")
<< endl;
 return -1;
 }
 }
```

現在就可以開始抓取畫格，用深度神經網路處理各個畫格，找出人臉。

首先使用迴圈抓取各個畫格：

```
for(;;)
 {
 Mat frame;
 cap >> frame;    // 從相機／影片取得新畫格或讀取影像
```

```
if (frame.empty())
{
waitKey();
break;
}
```

接著將輸入畫格放到深度神經網路能夠處理的 Mat blob 結構，必須將影像送進適當大小的 SSD，也就是 300×300（程式先前已經初始化 inWidth 與 inHeight 常數變數），同時會從輸入影像減去 SSD 要求的一個平均值，也就是先前定義的 meanVal 常數變數：

```
Mat inputBlob = blobFromImage(frame, inScaleFactor, Size(inWidth,
inHeight), meanVal, false, false);
```

如此一來，就可以透過 net.setInput 與 net.forward 將資料送進網路，取得預測／偵測的結果，這會將偵測結果轉換進可供程式讀取的 mat，其中 detection.size[2] 是偵測到物體的數量，detection.size[3] 是每個偵測結果的數量（定界框資料與信心程度）：

```
net.setInput(inputBlob, "data"); // 設定網路輸入
Mat detection = net.forward("detection_out"); // 計算輸出
Mat detectionMat(detection.size[2], detection.size[3], CV_32F, detection.
ptr<float>());
```

Mat detection 每行（row）資料包含以下資訊：

- **column 0**：出現物體的信心程度
- **column 1**：定界框的信心程度
- **column 2**：偵測到人臉的信心程度
- **column 3**：定界框左下角 X
- **column 4**：定界框左下角 Y
- **column 5**：定界框右上角 X
- **column 6**：定界框右上角 Y

定界框的值（介於零到一）是相對於影像尺寸。

接著需要套用閥值，依據輸入閥值的定義取得偵測結果：

```
float confidenceThreshold = parser.get<float>("min_confidence");
for(int i = 0; i < detectionMat.rows; i++)
{
float confidence = detectionMat.at<float>(i, 2);

if(confidence > confidenceThreshold)
{
```

接著要萃取定界框，在每個偵測到的人臉周圍畫出矩形，程式碼如下：

```
int xLeftBottom = static_cast<int>(detectionMat.at<float>(i, 3) * frame.cols);
int yLeftBottom = static_cast<int>(detectionMat.at<float>(i, 4) * frame.rows);
int xRightTop = static_cast<int>(detectionMat.at<float>(i, 5) * frame.cols);
int yRightTop = static_cast<int>(detectionMat.at<float>(i, 6) * frame.rows);

Rect object((int)xLeftBottom, (int)yLeftBottom, (int)(xRightTop - xLeftBottom), (int)(yRightTop - yLeftBottom));

rectangle(frame, object, Scalar(0, 255, 0));
}
}
imshow("detections", frame);
if (waitKey(1) >= 0) break;
}
```

最後的結果如下圖：

本節學到了 SSD 這個新的深度學習架構，以及使用 SSD 偵測人臉的方法。

小結

本章學到了什麼是深度學習以及如何在 OpenCV 中使用深度學習進行物體偵測與分類，本章內容是操作其他模型與深度神經網路的基礎。

本書介紹如何取得與編譯 OpenCV，如何使用基本影像與 mat 運算，以及建立圖形使用者介面的方法；也使用基本濾鏡並在工業級檢查範例中使用了這些濾鏡，還看到使用 OpenCV 偵測人臉的方法，以及操作影像加上面具的作法；最後介紹了物體追蹤、文字分割以及辨識等十分複雜的使用案例。透過這些使用案例介紹的技巧與演算法，讀者現在已經能夠使用 OpenCV 建立應用程式。

延伸閱讀

如果想要更深入了解 OpenCV，可以參考 *Packt Publishing* 出版的《*Object Detection and Recognition Using Deep Learning in OpenCV*》。

OpenCV 4 專案實務第二版

作　　　者：David Millan Escriva 等
譯　　　者：莊弘祥
企劃編輯：蔡彤孟
文字編輯：詹祐甯
設計裝幀：張寶莉
發 行 人：廖文良

發 行 所：碁峰資訊股份有限公司
地　　　址：台北市南港區三重路 66 號 7 樓之 6
電　　　話：(02)2788-2408
傳　　　真：(02)8192-4433
網　　　站：www.gotop.com.tw
書　　　號：ACL055300
版　　　次：2019 年 10 初版
建議售價：NT$450

國家圖書館出版品預行編目資料

OpenCV 4 專案實務 / David Millan Escriva 等原著；莊弘祥譯.
-- 初版. -- 臺北市：碁峰資訊, 2019.10
　　面；　　公分
譯自：Learn OpenCV 4 By Building Projects
ISBN 978-986-502-290-7(平裝)
1.電腦視覺　2.數位影像處理
312.837　　　　　　　　　　　　　　　　　108015790

讀者服務

- 感謝您購買碁峰圖書，如果您
  對本書的內容或表達上有不清
  楚的地方或其他建議，請至碁
  峰網站：「聯絡我們」\「圖書問
  題」留下您所購買之書籍及問
  題。(請註明購買書籍之書號及
  書名，以及問題頁數，以便能
  儘快為您處理)
  http://www.gotop.com.tw

- 售後服務僅限書籍本身內容，
  若是軟、硬體問題，請您直接
  與軟體廠商聯絡。

- 若於購買書籍後發現有破損、
  缺頁、裝訂錯誤之問題，請直
  接將書寄回更換，並註明您的
  姓名、連絡電話及地址，將有
  專人與您連絡補寄商品。